从零开始学西点

彭依莎 主编

江西科学技术出版社

图书在版编目（CIP）数据

从零开始学西点 / 彭依莎主编. -- 南昌 : 江西科学技术出版社，2017.10
ISBN 978-7-5390-5657-9

Ⅰ. ①从… Ⅱ. ①彭… Ⅲ. ①西点－制作 Ⅳ. ①TS213.2

中国版本图书馆CIP数据核字(2017)第219480号

选题序号：ZK2017198
图书代码：D17051-101
责任编辑：张旭　肖子倩

从零开始学西点

CONG LING KAISHI XUE XIDIAN

彭依莎　主编

摄影摄像　深圳市金版文化发展股份有限公司
选题策划　深圳市金版文化发展股份有限公司
封面设计　深圳市金版文化发展股份有限公司
出　　版　江西科学技术出版社
社　　址　南昌市蓼洲街2号附1号
邮编：330009　电话：（0791）86623491　86639342（传真）
发　　行　全国新华书店
印　　刷　深圳市雅佳图印刷有限公司
尺　　寸　173mm×243mm　1/16
字　　数　200 千字
印　　张　13
版　　次　2017年10月第1版　2017年10月第1次印刷
书　　号　ISBN 978-7-5390-5657-9
定　　价　39.80元

赣版权登字：-03-2017-301

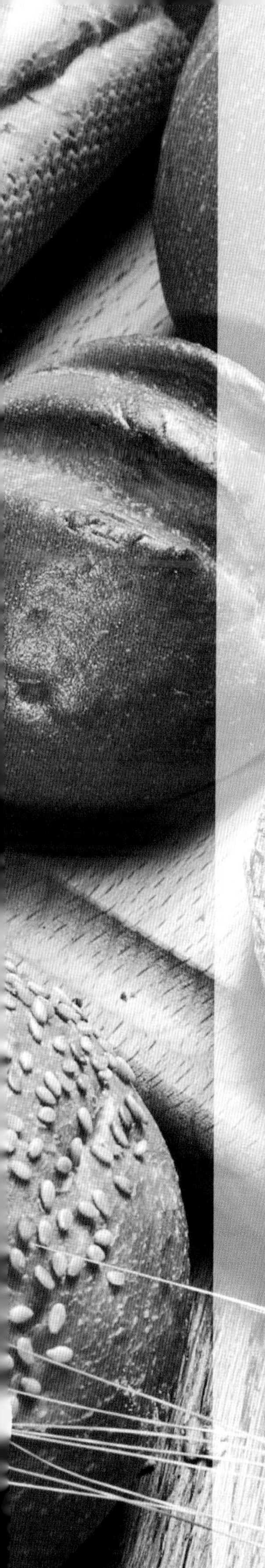

序言

教你从不会到做出来美味的西点，零基础也可以零失败！时下热门的西点，动动手俘获他人的味蕾！咬一口，唇齿留香。虽然新手学烘焙会遇到一些这样那样的问题，做起来可能失败的几率有点高，不过没关系，赶快翻开这本书，教你做烘焙的秘诀，掌握基本要点，从此烘焙不再难。

其实，烘焙和其他事情一样，要预先在心中有个整体的思路，做好充分的准备再开始，配方中所需的工具和材料也要提前备好。每一种材料的量要提前称量好，千万不能一边做一边称，一定要按照配方的量来做，以免在操作过程中出错导致失败。

本书是专门为西点制作初学者精心策划和编写的书籍。做法详尽、图片精美，能让读者真正体验制作西点的妙趣。本书主要介绍了制作甜点的基本知识，例如各种制作工具，制作点心的材料计量方法，同时包括蛋糕、面包、饼干、蛋挞、派、布丁等甜品的制作方法，对每种西点都明确说明了具体的材料使用数量。采用精美照片图解方式，为读者提供了熟练掌握制作技巧的清晰指导。一书在手，就可以使初学者的厨艺不动声色地提高，新手零失败！

从西点家族最入门的曲奇饼干开始动手做起，第一部分就让大家感受烘焙的魅力，从此爱上。第二部分就到蛋糕了，能给朋友试试自己的手艺，想到都会悄悄笑出声。第三步有些难度的加深，有了之前的基础，你可以拍拍胸脯，趁着手艺熟练，继续往下学习。最后一部分，轻松一下，从下一秒开始，爱上西点的你就是甜点达人！

最后希望这本书能成为您西点之路的良师益友，学会西点，爱上西点，从西点中获取源源不断的快乐。

CONTENTS 目录

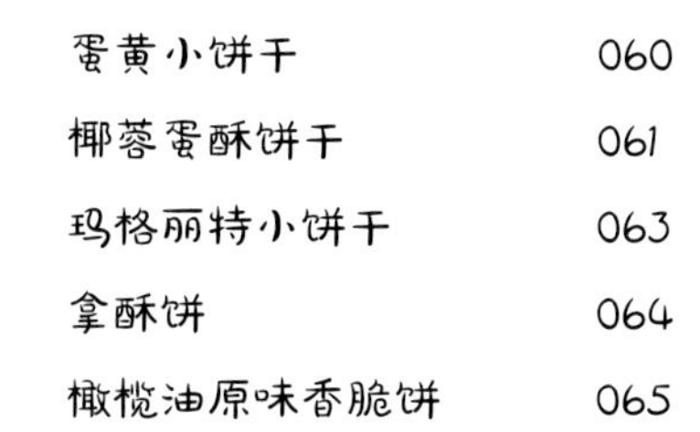

Chapter 4 甜滋滋软乎乎的面包

坚果面包

起酥面包

Chapter 5
充满小确幸的甜点

泡芙

其他甜点

烘焙基础知识

面粉、牛奶、蛋、油、糖，有了这五样东西，一款基础蛋糕便可以诞生啦！每一个爱上烘焙的人，在第一次尝试时都会惊叹于烤箱里的奇妙变化：一团面糊由湿变干，慢慢长高、膨胀，接着，浓浓的奶香味从烤箱飘出，溢满整个房间。随着“叮”的一声，那种着急看成品的雀跃心情，相信只有喜欢烘焙的同道中人和烘焙爱好者才能体会得到的。

烘焙的世界如此美好而绚丽，想要做出醇香味道，打好基础是很重要的，那么现在跟大家分享一下烘培入门的基础知识和一些小妙招吧。

一、西点工具介绍

烤箱

烤箱在家庭中使用时一般都是用来烤制饼干、点心和面包等食物。它是一种密封的电器，也具备烘干的作用。通过烤箱做出来的食物一般香气清新、浓郁。

量杯

一般的量杯杯壁上都有容量标示，可以用来量取水、奶油等材料。但是要注意读数时的刻度，量取时要选择恰当的量程。

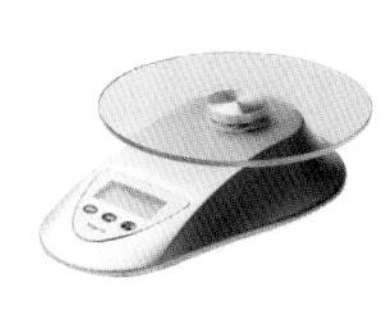

电子秤

电子秤，又叫电子计量秤，在西点制作中用来称量各式各样的粉类（如面粉、抹茶粉等）、细砂糖等需要准确称量的材料。

面粉筛

面粉筛一般是不锈钢材质，是用来过滤面粉的烘焙工具。面粉筛底部都是漏网状的，一般做蛋糕或饼类时会用到，可以过滤掉面粉中含有的其他杂质，使得做出来的蛋糕更加膨松，口感更好。

量匙

量匙通常是金属或者不锈钢材质的，是圆状或椭圆状带有小柄的一种浅勺，主要用来盛液体或者细碎的物体，比如厨房里用来取幼糖、酵母粉等。

擀面杖

中国古老的一种用来压制面条、面皮的工具，多为木制，以香椿木为上品。擀面杖有好多种，长而大的擀面杖用来擀面条，短而小的擀面杖用来擀饺子皮、烧卖皮。

电动搅拌器

是制作西点时必不可少的烘焙工具之一。用于打发蛋白、黄油等，制作一些简易小蛋糕。电动搅拌器可以使搅拌的工作更加快速，材料搅拌得更加均匀。

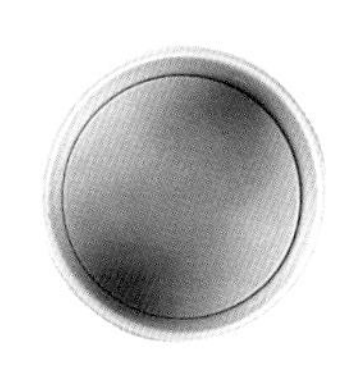

活底蛋糕模具

活底蛋糕模具在制作蛋糕时使用频率较高，喜欢蛋糕的制作者可以常备。“活底”更方便蛋糕烤好后的脱模步骤，保证蛋糕的完整，非常适合新手使用哦。

刮板

刮板又称面铲板，是制作面团后刮净盆子或面板上剩余面团的工具，也可以用来切割面团及修整面团的四边。刮板有塑料、不锈钢、木制等多种。

戚风蛋糕模具

做戚风蛋糕所必备的用具，一般为铝合金制，圆筒形状，多有磨砂感，用来制作蛋糕时只需将戚风蛋糕液倒入，然后烘烤即可。

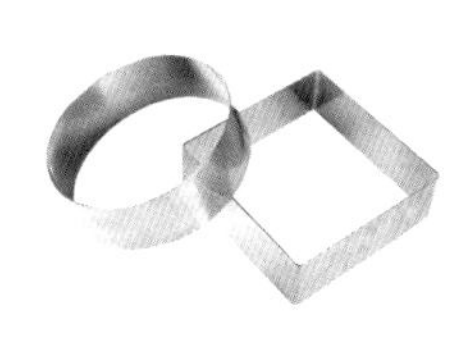

慕斯圈

用于凝固慕斯或提拉米苏等需要冷藏的蛋糕的定型。用保鲜膜包裹住慕斯圈的底部，再放入烤好的蛋糕体和慕斯液，放入冰箱冷藏即可。

蛋挞模具

用于制作普通蛋挞或葡式蛋挞时使用。一般选择铝模，其压制性比较好，容易塑形，烤出来的蛋挞口感也比较好。

玛芬烤盘

玛芬烤盘有多种精致的款式，主要是在做小蛋糕或各种水果酥的时候使用。

烘焙油纸

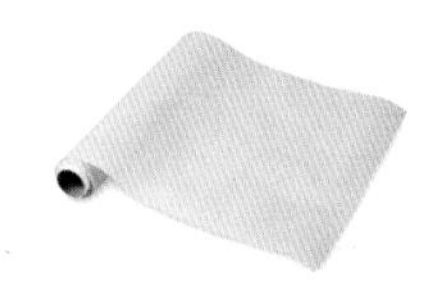

烘焙油纸用于烤箱内烘烤食物时垫在底部，防止食物粘在模具上面导致清洗困难。做饼干或是蒸馒头时都可以把它置于底部，以保证食品干净卫生。

布丁模

布丁模是用陶瓷、玻璃制成的杯状模具，形状各异，耐高温，可以用来自制酸奶、布丁等小点心。

温度计

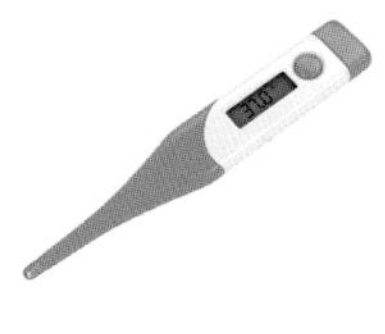

温度计是一种测量温度的仪器的总称。厨房所用的是食品温度计，一般用针式探头针测量馅饼、面粉等薄质食品的温度。

毛刷

毛刷尺寸多样化，有 1 寸（1 寸大约为 3.3 厘米）、1 寸半、2 寸甚至到 5 寸都有。它能用来在面皮表面刷上一层油脂，也能用于在制好的蛋糕或点心上刷上一层蛋液。

玻璃碗

玻璃碗是指玻璃材质的碗。主要用来打发鸡蛋或是搅拌面粉、糖、油和水等。制作西点的时候，至少要准备两个以上的玻璃碗。

二、烘焙基础原料

高筋面粉

高筋面粉的蛋白质含量一般是在 12.5% ~ 13.5%，色泽偏黄，颗粒较粗，不容易结块，比较容易产生筋性，适合用来做面包。

低筋面粉

低筋面粉的蛋白质含量在 8.5%，色泽偏白，常用于制作蛋糕、饼干等。如果没有低筋面粉，可以按 75 克中筋面粉配 25 克玉米淀粉的比例自行配制双色低筋面粉。

鸡蛋

鸡蛋营养丰富，含有高质量的蛋白质，是日常生活中营养价值极高的天然食品之一。 烘焙的过程中，往往少不了鸡蛋。

牛奶

营养学家认为，在人类食物中，牛奶的营养符合人体所需。用牛奶来代替水和面，可以使面团更加松软，更具香味。

酵母

酵母在营养学上有“取之不尽的营养源”之称，是一种可食用、含有丰富营养的单细胞微生物，常用于面包的制作。通过在面团中产生大量二氧化碳气体，完成发酵。

泡打粉

泡打粉俗称“发粉”、“发泡粉”，是一种复合膨松剂，由苏打粉加上其他酸性材料制成的食用型添加剂，可以使面糊呈现松软的组织，常用于制作蛋糕。

苏打粉

苏打粉，俗称“小苏打”、“食粉”，在做面食、馒头、烘焙食物时会经常用到。它有一种使食物膨化，吃起来更加松软可口的作用，适量食用可起到中和胃酸的功能。

糖粉

糖粉顾名思义，就是粉末状的糖，由细砂糖磨成粉后添加少量玉米淀粉制成，有防潮及防止结块的作用。糖粉在烘焙里运用很广，可以用来制作曲奇、蛋糕等，也可对糕点进行表面的装饰，还能制作糖霜、馅料等。

黄油

黄油又叫乳脂、白脱油，是将牛奶中的稀奶油和脱脂乳分离后，使稀奶油成熟并经搅拌而成的。黄油一般应该置于冰箱存放。

淡奶油

淡奶油从牛奶中提炼出来的，本身不含有糖分，白色如牛奶状，但比牛奶更为浓稠。打发前需放在冰箱冷藏 8 小时以上。

奶油奶酪

奶油奶酪是牛奶浓缩、发酵而成的奶制品，具有高含量的蛋白质和钙，使人体更易吸收。奶油奶酪日常需要密封冷藏储存，通常显现为淡黄色，具有浓郁的奶香，是制作奶酪蛋糕的常用材料。

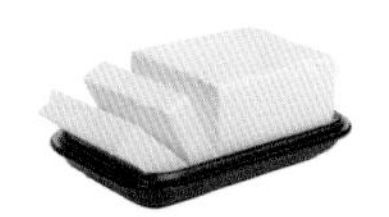

片状酥油

片状酥油是一种浓缩的淡味奶酪，由水乳制成，色泽微黄，在制作时要先刨成丝，经过高温烘烤就会化开。

三、各种基础材料制作

为了更好地在烘焙的领域里大展拳脚，要勤练扎实的基本功。只有打下良好的基础，方能为你之后的烘焙制作打开一条广阔的道路。

蛋白打发

原料：蛋白 100 克，细砂糖 70 克

工具：电动搅拌器 1 个，玻璃碗 1 个

做法：

1. 取玻璃碗，倒入蛋白、细砂糖。

2. 用电动搅拌器中速打发 4 分钟使其完全混合。

3. 打发片刻至材料完全呈现乳白色膏状。

黄油打发

原料：黄油 200 克，糖粉 100 克，蛋黄 15 克

工具：电动搅拌器 1 个，玻璃碗 1 个

做法：

1. 取一个玻璃碗，倒入备好的糖粉、黄油。

2. 用电动搅拌器搅拌，打发至食材混合均匀。

3. 倒入蛋黄，打发至材料呈现乳白色膏状即可。

全蛋打发

原料：鸡蛋 160 克，细砂糖 100 克

工具：电动搅拌器 1 个，玻璃碗 1 个

做法：

1. 取玻璃碗，倒入鸡蛋、细砂糖。

2. 用电动搅拌器中速打发 4 分钟使其完全混合。

3. 打发片刻至材料完全呈现乳白色膏状。

蛋黄打发

原料：低筋面粉 70 克，玉米淀粉 55 克，蛋黄 120 克，色拉油 55 毫升，清水 20 毫升，泡打粉 2 克，细砂糖 30 克

工具：手动搅拌器 1 个，玻璃碗 1 个

做法：

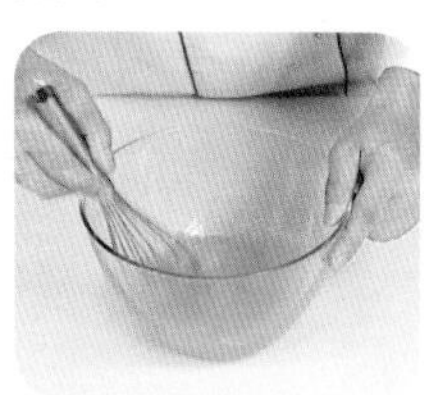

1. 将蛋黄、细砂糖倒入容器中，用手动打蛋器拌匀。

2. 加入色拉油、清水，搅拌均匀。

3. 将玉米淀粉、低筋面粉、泡打粉过筛，放入容器中，打发至呈现淡黄色膏状。

基础面团制作

原料：高筋面粉 250 克，酵母 4 克，黄油 35 克，奶粉 10 克，蛋黄 15 克，细砂糖 50 克，水 100 毫升

工具：刮板 1 个

做法：

1. 把高筋面粉倒在案台上。

2. 加入酵母、奶粉，充分混合均匀。

3. 用刮板开窝，倒入细砂糖、水、蛋黄，搅匀。

4. 刮入混合好的高筋面粉。

5. 搓成湿面团。

6. 加入黄油。

7. 揉搓均匀。

8. 揉至面团表面光滑即可。

制作好的面团，如果不立即使用，应盖上干净的湿毛巾，或者用保鲜膜包裹好，这样能保持面团的水分，避免表面干裂。

丹麦面团制作

原料：高筋面粉 170 克，低筋面粉 30 克，黄油 20 克，鸡蛋 40 克，片状酥油 70 克，清水 80 毫升，细砂糖 50 克，酵母 4 克，奶粉 20 克，干粉少许

工具：刮板 1 个，擀面杖 1 根

做法：

1. 将高粉、低粉、奶粉、酵母倒在案台上，搅均匀。

2. 开窝，倒入备好的细砂糖、鸡蛋，拌匀。

3. 倒入清水，将内侧一些的粉类跟水搅拌均匀。

4. 倒入黄油，翻搅按压，制成表面平滑的面团。

5. 撒干粉，用擀面杖将面团擀制成长形面片，放入片状酥油。

6. 将另一侧面片覆盖，把四周的面片封紧，用擀面杖擀至里面的酥油分散均匀。

7. 将面片叠成三层，再放入冰箱冰冻 10 分钟。

8. 拿出面片继续擀薄，依此擀薄冰冻反复 3 次，再拿出擀薄擀大。

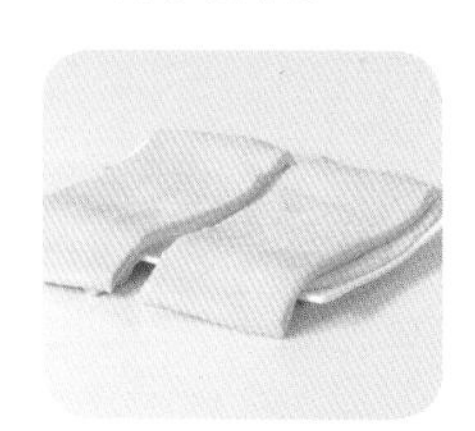

9. 将擀好的面片切成大小一致的 4 等份，装入盘中。

技巧帖

在制作时，丹麦面团是处于不断发酵的过程中的，因此在整个流程中要注意时间的把握，不宜拖得过久，以免面团发酵过度，影响口感。

挞皮制作

原料：高筋面粉 30 克，低筋面粉 220 克，蛋黄 2 个，黄油 40 克，片状酥油 180 克，清水 125 毫升，细砂糖 5 克，干粉少许

工具：刮板 1 个，蛋挞模具数个

做法：

1. 往案台上倒入低筋面粉，用刮板开窝。

2. 加入黄油、糖粉，稍稍拌匀。

3. 放入蛋黄，用刮板稍微拌匀。

4. 用刮板刮入面粉，混合均匀。

5. 混合物搓揉约 5 分钟成一个纯滑面团。

6. 手中粘上少许面粉，逐一取适量的面团，放在手心搓揉。

7. 取数个蛋挞模具，将面团放置模具中，均匀贴在模具内壁。

8. 最后用手将模具边缘的面团整平即可使用。

技巧帖

若没有低筋面粉，可以用高筋面粉和玉米淀粉以 1∶1 比例进行调配。多余的挞皮可直接冷冻起来保存，下次使用时室温回软即可。

派皮制作

原料：低筋面粉 200 克，细砂糖 5 克，清水 60 毫升，黄油 100 克

工具：刮板 1 个，擀面杖 1 根，叉子 1 把，派皮模具 1 个

做法：

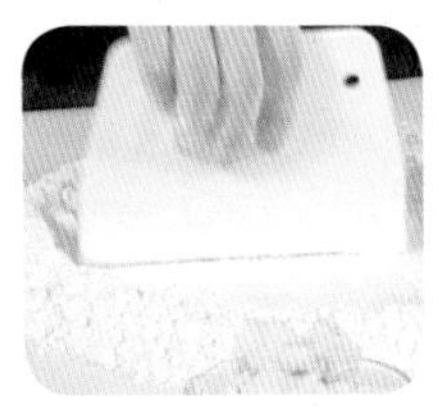

1. 往案台上倒入低筋面粉，用刮板拌匀，开窝。

2. 加入黄油、细砂糖，稍稍拌匀。

3. 注入适量清水，稍微搅拌均匀。

4. 刮入面粉，将材料混合匀。

5. 将混合物搓揉成一个纯滑面团。

6. 用擀面杖将面团均匀擀平成派皮生坯。

7. 取一派皮模具，将生坯盖在模具上方。

8. 用刮板沿着模具边缘将多余生坯刮去。

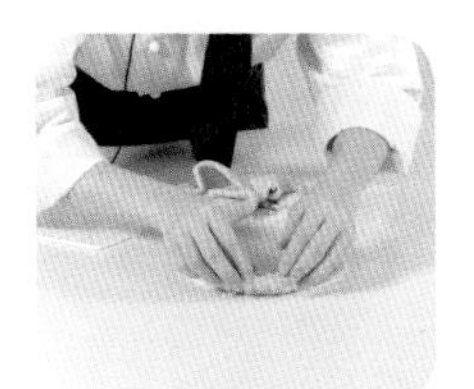

9. 用手整平边缘，至生坯均匀覆盖模具。

10. 用叉子均匀戳生坯底部，防止烤制时派皮膨胀。

11. 稍微调整生坯形状即可。

千层酥皮制作

原料：高筋面粉 30 克，低筋面粉 220 克，黄油 40 克，片状酥油 180 克，清水 125 毫升，细砂糖 5 克，干粉少许

工具：刮板 1 个，擀面杖 1 根，油纸 1 张

做法：

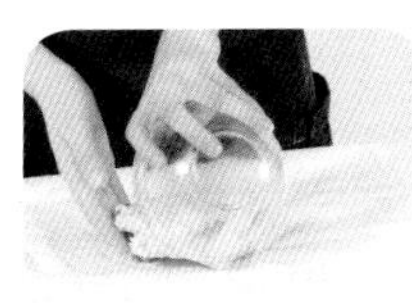

1. 将片状酥油放入中间，将油纸左右、上下对折，折成长方状。

2. 将油纸正面朝上，用擀面杖将包裹住的片状酥油均匀擀平。

3. 案台上倒入低筋面粉、高筋面粉，拌匀，开窝。

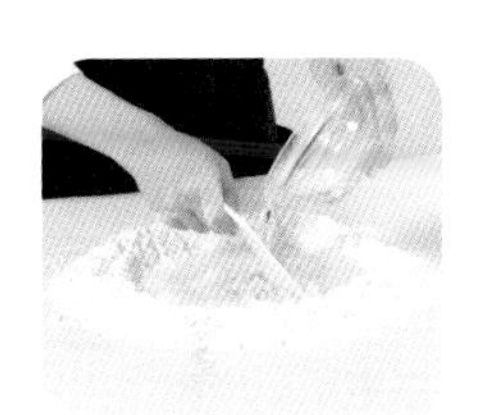

4. 放入黄油、细砂糖，加入清水，刮入面粉，搓揉至纯滑的面团。

5. 案台上撒干粉，用擀面杖将面团擀至油纸里片状酥油的 2 倍大。

6. 展开油纸，将擀好的片状酥油反扣在擀好的面饼一端，撕下油纸。

7. 将面饼另一端提起盖住片状酥油，将其四周折起压紧，擀至长方状。

8. 将面饼两侧往中间对折，放入冰箱冷冻 20 分钟后取出，重复上述动作两次。

9. 最后一次，擀至长方状，将擀好的面饼两侧往中间对折即可。

技巧帖

擀制裹有片状酥油的面饼时，动作一定要轻，以免用力过度，擀破面饼，这样不仅会影响成品的外观，口感也会大打折扣。

四、制作超实用小技巧

近年来，烘焙食品因其丰富的营养和多变的外形，逐渐受到人们的喜爱。但是对于一些新手来说，烘焙过程中往往会有很多问题出现，掌握一些简单又实用的小技巧，加以运用并经常练习，可大大提升你的成功率，让你在烘焙的世界里如鱼得水，尽享制作的喜悦。

1 烤箱预热

烤箱的预热，是为了提前给烘焙做准备，使烤箱事先达到烘烤所需要的温度，也具有给食物迅速定型的效果，保持完好的外观。若是为了省事，不经过预热直接进行烤焙，那么成品的外形和口感都会大打折扣。

2 控制烤温需准确

在烘烤食物时，要注意准确控制烤箱的温度，以免影响成品效果。以烘烤蛋糕为例：一般情况下，蛋糕的体积越大，烘焙所需的温度越低，烘焙所需的时间越长。相信只要多加练习，一定能掌控好烤箱的温度。

3 设置时间

将烤盘放入烤箱中烘焙后，必须马上设置时间。如果只是凭自己的感觉来操作，很容易忘记时间，而且也不精准。所以，最好准备一个电子计时器。

4 海绵蛋糕：如何打发全蛋？

打发全蛋时，因为蛋黄含有脂肪，所以较难打发。在打发时，可借助隔水加热，将温度控制在38℃左右，若超过60℃，则可能将蛋液煮熟。加入砂糖后，最好用手动打蛋器立刻搅拌，随后用电动打蛋器快速搅拌至蛋液纹路明显、富有光泽即可。

5 搅拌手法

在筛入粉类时，不可过快地搅拌面糊，要采用轻柔的手法，用塑料刮刀将面糊从下往上舀起，一直重复此动作，直至粉类物质完全融合，形成有光泽的蛋糕糊。此方法可减少对蛋糕糊气泡的破坏，使蛋糕口感更细腻。

6 为什么烘焙时会有点心不熟或者烤焦的情况?

烘焙时有点心不熟或者烤焦的情况出现，很可能是制作过程中没有严格按照配方要求的时间和温度进行操作，时间和温度的误差有可能会造成点心不熟或烤焦的结果出现。此外，也不排除家用烤箱温度不准的情况。即使同一品牌同一型号的烤箱，也存在每台烤箱之间温度有所差异的情况，所以烘焙过程中不仅要参考配方的时间和温度，还要根据实际情况稍作调整。

7 怎样保存奶油最好?

奶油的保存方法并不简单，绝不是随意放入冰箱中就可以的。最好先用纸将奶油仔细包好，然后放入奶油盒或密封盒中保存。这样，奶油才不会因水分蒸发而变硬，也不会沾染冰箱中其他的味道。

松松脆脆的饼干

曲奇饼干，来源于英文的音译，上世纪 80 年代，曲奇由欧美传入中国，并在 21 世纪初掀起热潮。在欧美，过节时，为了向爱人和朋友表示心意和尊敬，一般会亲自烘焙味道诱人的曲奇送给他们。但在中国，情况有了变化，人们选择在网上订购一些曲奇饼干，配上精美的包装送给另一半。在看了这本书之后，自己动手做曲奇饼干，相信想要传达的那份情谊会更浓哟！

黄油曲奇

难易度★★☆☆☆

时间：8 分钟　烤制火候：上火 180℃，下火 160℃

原料

黄油…130 克
细砂糖…35 克
糖粉…65 克
香草粉…5 克
低筋面粉…200 克
鸡蛋…1 个

工具

电动搅拌器…1 个
烤盘…1 个
裱花嘴…1 个
刮板…1 个
油纸…1 张
烤箱…1 台
玻璃碗…1 个

做法

1. 取一容器，放入糖粉、黄油，用电动搅拌器打发至乳白色。
2. 加鸡蛋拌匀，加细砂糖拌匀。
3. 加入香草粉、低筋面粉拌匀。
4. 用刮板将材料搅拌片刻，取裱花袋装入裱花嘴，剪一个小洞，用刮板将材料装入裱花袋中。
5. 在烤盘上铺油纸，将裱花袋中的材料挤在烤盘上，制成饼坯。
6. 烤箱预热好，放入烤盘，调至上火 180℃、下火 160℃，烤至成形熟透即可。

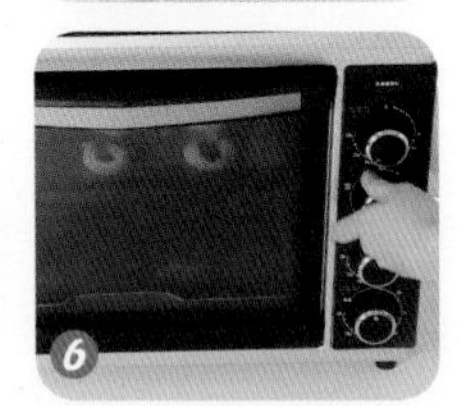

奶香曲奇

难易度☆☆☆☆☆

时间：20 分钟　烤制火候：上火 180℃，下火 150℃

原料

黄油…75 克
糖粉…20 克
蛋黄…15 克
细砂糖…14 克
淡奶油…15 克
低筋面粉…80 克
奶粉…30 克
玉米淀粉…10 克

工具

电动搅拌器…1 个
长柄刮板…1 个
烤箱…1 台
玻璃碗…1 个
裱花嘴…1 个
裱花袋…2 个
油纸…1 张
烤盘…1 个

做法

1. 取一个大碗，加入糖粉、黄油，用电动搅拌器搅匀。
2. 至其呈乳白色后加入蛋黄，继续搅拌。
3. 再依次加入细砂糖、淡奶油、玉米淀粉、奶粉、低筋面粉，充分搅拌均匀。
4. 将裱花嘴装入裱花袋，剪开一个小洞，用刮板将拌好的材料装入裱花袋中。
5. 在烤盘上铺一张油纸，将裱花袋中的材料挤在烤盘上，挤成长条形，放入烤箱。
6. 关上烤箱，以上火 180℃、下火 150℃，烤 15 分钟至熟，取出装盘即可。

1

2

3

4

5

6

POINT

每次倒入色拉油时，一定要搅拌均匀，这样可以避免出现油水分离的现象。

曲奇饼

难易度☆☆☆☆☆

时间：15 分钟　烤制火候：上火 180℃，下火 150℃

原料

奶油 100 克，色拉油 100 毫升，糖粉 125 克，清水 37 毫升，牛奶香粉 7 克，鸡蛋 2 个，低筋面粉 300 克，巧克力 100 克

工具

电动搅拌器…1 个
裱花袋…1 个
筛网…1 个
三角铁板…1
烤盘…1 个
烤箱…1 台
裱花嘴…1 个
锡纸…1 卷
玻璃碗…1 个

做法

1. 将奶油、糖粉依次倒入大碗中，用电动搅拌器快速拌匀。
2. 倒入 30 毫升色拉油，搅拌片刻，再次倒入剩余的色拉油，边倒边快速拌匀，至其呈白色即可。
3. 打入鸡蛋，搅拌均匀，将低筋面粉、牛奶香粉用筛网过筛至大碗中，用电动搅拌器稍微搅拌一会儿，将粉团压碎，快速拌匀。
4. 再倒入适量清水，拌匀。
5. 将花嘴装入裱花袋中，并用剪刀将裱花袋的尖端剪掉一小截，用三角铁板将面糊装入裱花袋中。
6. 在烤盘上平铺一层锡纸，把面糊挤成各种花式。
7. 将烤箱预热 5 分钟。
8. 放入烤盘，以上火 180℃、下火 150℃，烤 15 分钟，至金黄色；取出烤盘，放凉。
9. 将巧克力隔水加热，融化成巧克力液，把巧克力液粘到饼干上。
10. 待巧克力液稍微干一些，装入盘中即可。

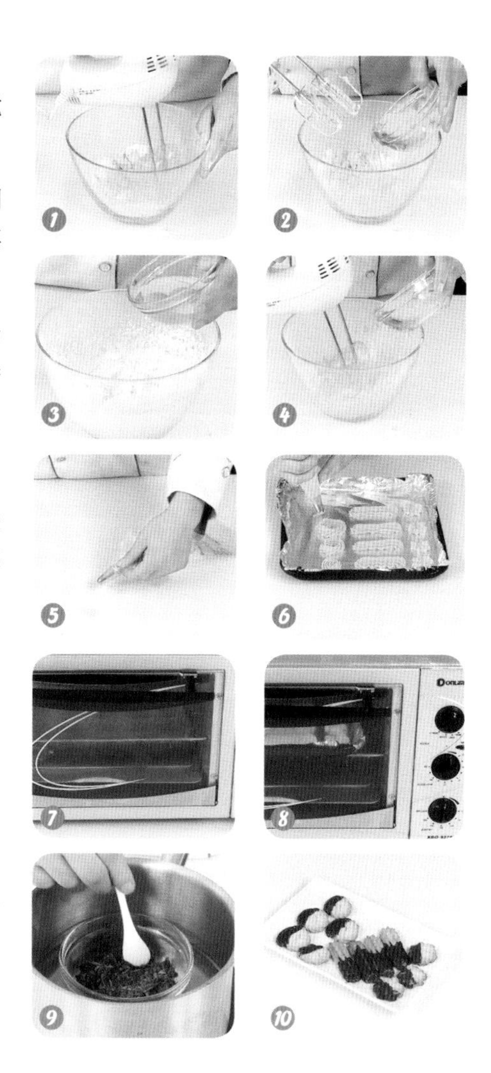

POINT

地震曲奇需要将油性材料揉入粉类材料中。

地震曲奇

难易度☆☆☆☆☆

时间：35 分钟　烤制火候：上火 160℃，下火 160℃

原料

黄油…30 克
低筋面粉…100 克
糖粉…100 克
可可粉…40 克
小苏打…2 克
白兰地…20 毫升
鸡蛋…1 个

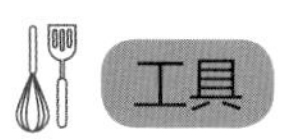

工具

手动搅拌器…1 个
刀…1 把
筛网…1 个
烤盘…1 个
烤箱…1 台
搅打盆…1 个

做法

1. 将低筋面粉、可可粉、80 克糖粉、小苏打混合筛入搅打盆中。
2. 将软化的黄油搓入粉类。
3. 加入白兰地。
4. 加入全蛋液。
5. 将面粉与液体混合搓成团，包上保鲜膜送入冰箱冷藏 30 分钟。
6. 将冷面团取出，分成 15~17 克的小团。
7. 放入剩余的 20 克糖粉中滚一圈，即可入炉。
8. 放置烤箱中层，以上火 160℃、下火 160℃烤 25 分钟即可。

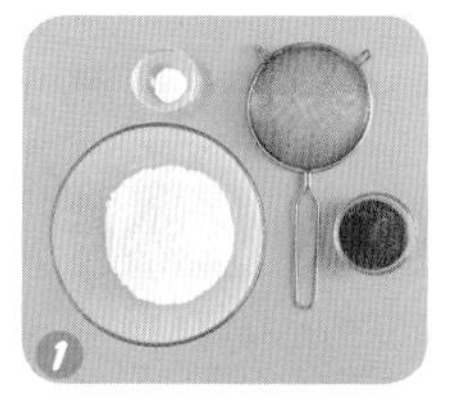

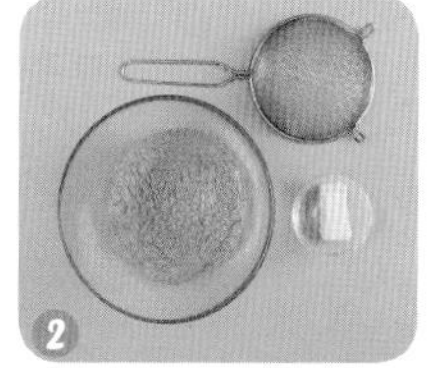

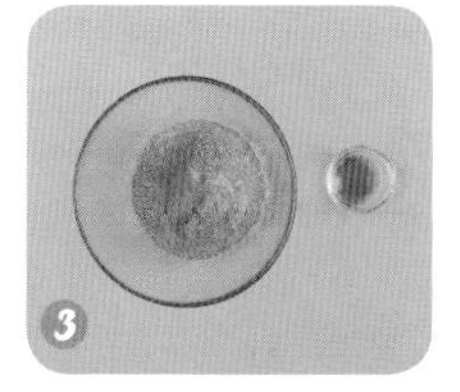

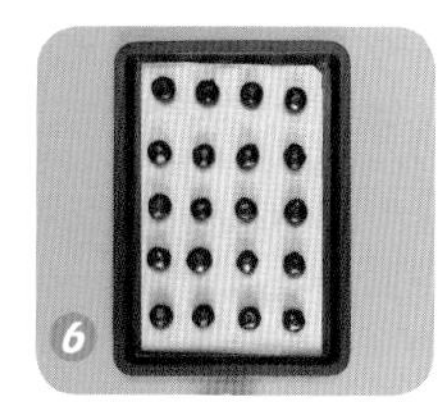

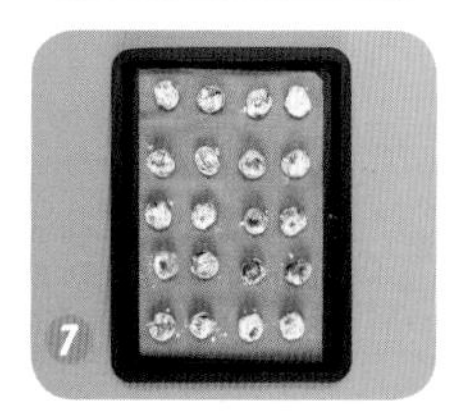

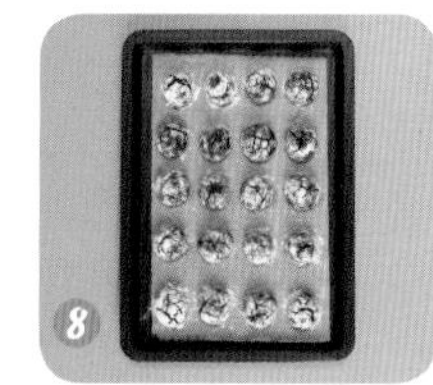

POINT

蔓越莓干的多少可根据自己的喜好进行添加。

蔓越莓曲奇

难易度☆☆☆☆☆

时间：25 分钟　烤制火候：上火 160℃，下火 160℃

原料

低筋面粉…90 克
黄油…80 克
蛋白…20 克
糖粉…30 克
奶粉…15 克
蔓越莓干…适量

工具

刮板…1 个
烤箱…1 台
保鲜膜…1 张
烤盘…1 个
刀…1 把

做法

1. 将低筋面粉倒在面板上，加入奶粉，拌匀。
2. 把材料铺开，加入糖粉、蛋白，再拌匀。
3. 倒入黄油，将铺开的低筋面粉铺上去，按压成形。
4. 揉好后加入蔓越莓干，揉成长条，包上保鲜膜。
5. 放入冰箱冷冻 1 个小时。
6. 取出后拆下保鲜膜。
7. 将冷冻好的条状面团切成 0.5 厘米厚的饼干生坯，摆入烤盘。
8. 打开烤箱，将烤盘放入烤箱中，关上烤箱，以上火 160℃、下火 160℃烤约 15 分钟至熟，取出装盘即可。

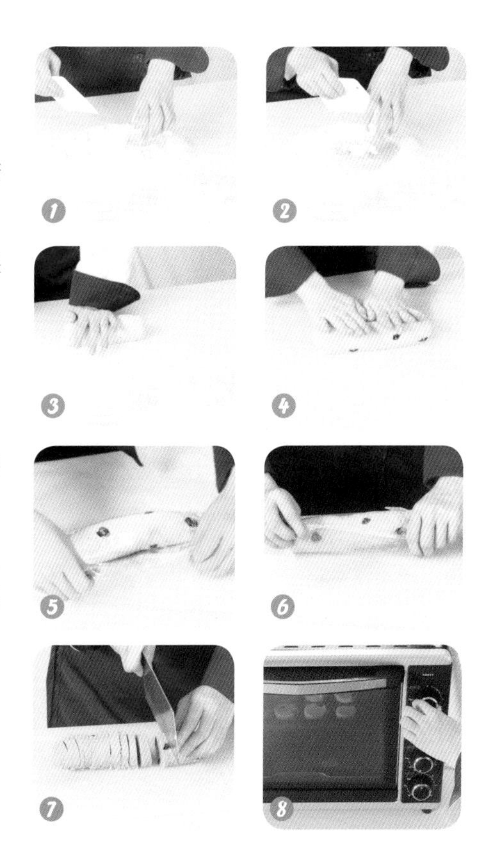

古早味苏打饼干

难易度☆☆☆☆☆

时间：10 分钟　烤制火候：上火 200℃，下火 200℃

原料

酵母…6 克
清水…140 毫升
低筋面粉…300 克
盐…2 克
苏打粉…2 克
黄油…60 克
干粉…少许

工具

刮板…1 个
擀面杖…1 根
叉子…1 把
烤箱…1 台
刀…1 把
烘焙油纸…1 张
烤盘…1 个

做法

1. 将低筋面粉、酵母、苏打粉、盐倒在案台上，充分混匀。
2. 用刮板在中间掏一个窝，倒入备好的清水，用刮板搅拌使水被吸收。
3. 加入黄油，一边翻搅一边按压，将所有食材混匀，制成平滑的面团。
4. 在案台上撒上些许干粉，放上面团，用擀面杖将面团擀制成 0.1 厘米厚的面片，将面片四周不整齐的地方修掉，用刀将面片切成大小一致的长方片。
5. 在烤盘内垫入烘焙油纸，将切好的面片整齐地放入烤盘内，用叉子依次在每个面片上戳上小孔。
6. 将烤盘放入预热好的烤箱内，关上烤箱门，将上、下火温度均调为 200℃，烤制 10 分钟至饼干松脆，取出放凉即可。

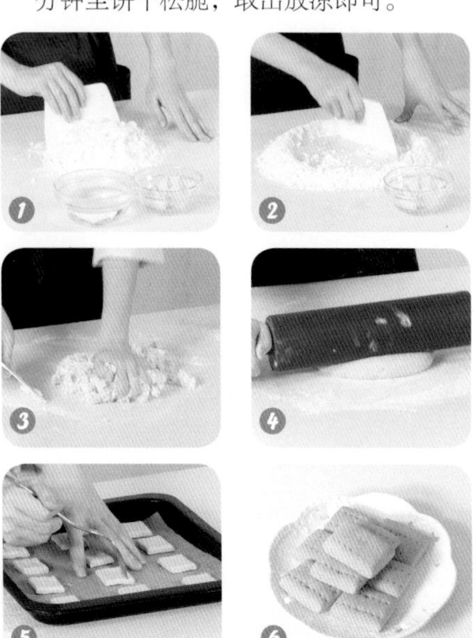

奶香苏打饼干

难易度

时间：15 分钟　烤制火候：上火 160℃，下火 160℃

原料

低筋面粉…100 克
小苏打…2 克
盐…2 克
三花淡奶…60 毫升
酵母…2 克

工具

刮板…1 个
饼干模具…1 个
擀面杖…1 根
烤箱…1 台
烤盘…1 个
烘焙纸…1 张

做法

1. 往案台上倒入低筋面粉、盐、小苏打、酵母，用刮板拌匀，开窝。
2. 倒入淡奶油，稍稍拌匀。
3. 刮入面粉，将材料混合均匀，搓揉成一个纯滑面团。
4. 用擀面杖将面团均匀擀薄成面皮，用饼干模具按压饼坯，制成数个饼干生坯，备用。
5. 烤盘上垫一层烘焙纸，将饼干生坯放在烤盘里。
6. 将烤盘放入烤箱中，以上火 160℃、下火 160℃烤 15 分钟至熟，装盘即可。

芝麻苏打饼干

难易度☆☆☆☆☆

时间：10 分钟　　烤制火候：上火 200℃，下火 200℃

原料

酵母…3 克
清水…70 毫升
低筋面粉…150 克
盐…2 克
苏打粉…2 克
黄油…30 克
白、黑芝麻…各适量
干粉…少许

工具

擀面杖…1 根
刮板…1 个
叉子…1 把
烤箱…1 台
刀…1 把
烘焙油纸…1 张
烤盘…1 个

做法

1. 将低筋面粉、酵母、苏打粉、盐倒在案台上，充分混匀。
2. 用刮板在中间掏一个窝，倒入备好的清水，用刮板搅拌使水被吸收。
3. 加入黄油、黑芝麻、白芝麻，一边翻搅一边按压，将所有食材混匀，制成平滑的面团。
4. 在案台上撒上些许干粉，放上面团，用擀面杖将面团擀制成 0.1 厘米厚的面片，将面片四周不整齐的地方修掉，用刀将面片切成大小一致的长方片。
5. 在烤盘内垫入烘焙油纸，将切好的面片整齐地放入烤盘内，用叉子依次在每个面片上戳上小孔。
6. 将烤盘放入预热好的烤箱内，关上烤箱门，上、下火温度均调为 200℃，烤制 10 分钟，至饼干松脆；取出放凉，即可食用。

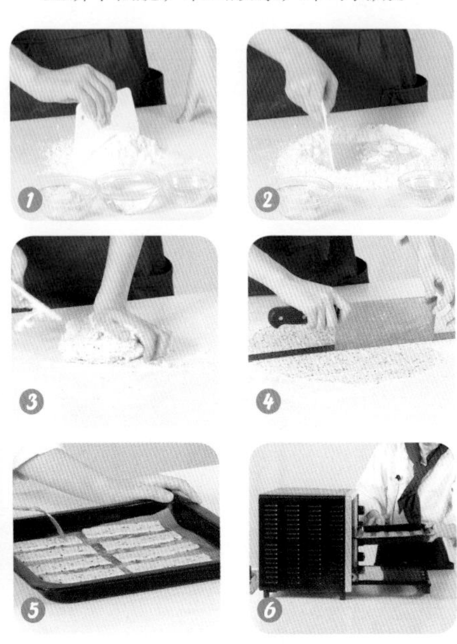

高钙奶盐苏打饼干

难易度 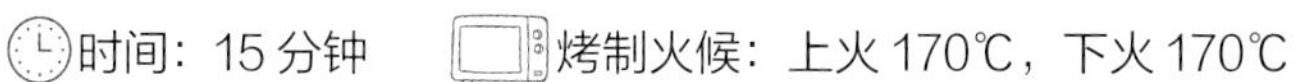

时间：15 分钟　烤制火候：上火 170℃，下火 170℃

原料

低筋面粉…130 克
黄油…10 克
鸡蛋…1 个
酵母…3 克
盐…1 克
食粉…1 克
水…40 毫升
色拉油…10 毫升
奶粉…10 克
面粉…适量

工具

刮板…1 个
玻璃碗…1 个
叉子…1 把
刀…1 把
烤箱…1 台
高温布…1 块
擀面杖…1 根
烤盘…1 个

做法

1. 将奶粉放到有 100 克低筋面粉的玻璃碗中，加入酵母、食粉。
2. 倒在案台上，用刮板开窝，倒入水、鸡蛋，搅匀。
3. 加入面粉，混合均匀，加入黄油，揉搓成大面团。
4. 将 30 克低筋面粉倒在案台上，加入色拉油、盐，混合均匀，揉搓成小面团。
5. 用擀面杖将大面团擀成面皮，把小面团放在面皮上，压扁对折，用擀面杖擀平，两端向中间对折，擀成方形面皮。
6. 用叉子在面皮上扎上均匀的小孔，切成方块，制成饼坯，放入铺有高温布的烤盘里，放入预热好的烤箱里，以上火 170℃、下火 170℃烤 15 分钟即可。

POINT

擀面的时候力道要均匀，才能使面片薄厚一致。

红茶苏打饼干

难易度

时间：10 分钟 烤制火候：上火 200℃，下火 200℃

原料

酵母…3 克
水…70 毫升
低筋面粉…150 克
盐…2 克
苏打粉…2 克
黄油…30 克
红茶末…5 克
干粉…适量

工具

擀面杖…1 根
刮板…1 个
叉子…1 把
烤箱…1 台
菜刀…1 把
高温布…1 块
尺子…1 把
烤盘…1 个

做法

1. 将低筋面粉、酵母、苏打粉、盐倒在案台上。
2. 充分混匀后开窝，倒水，用刮板搅拌。
3. 加入黄油、红茶末，一边翻搅一边按压，将所有食材混匀制成平滑的面团。
4. 在案台上撒上适量干粉，放上面团，用擀面杖将面团擀制成 0.1 厘米厚的面皮。
5. 用菜刀将面皮四周不整齐的地方修掉，用尺子量好后，将其切成大小一致的长方片面皮。
6. 在烤盘内垫入高温布，将切好的面皮整齐地放入烤盘内。
7. 用叉子依次在每块面片上戳出整齐的装饰花纹。
8. 将烤盘放入预热好的烤箱内，温度调为上、下火均 200℃，时间定为 10 分钟。

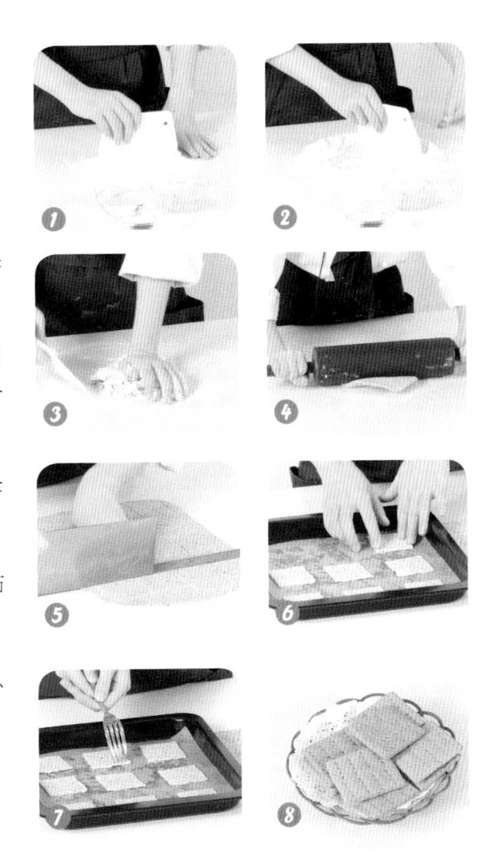

香葱苏打饼干

难易度☆☆☆☆☆

时间：15分钟　烤制火候：上火170℃，下火170℃

原料

黄油…30克
酵母…4克
盐…3克
低筋面粉…165克
牛奶…90毫升
苏打粉…1克
葱花…适量
白芝麻…适量

工具

刮板…1个
模具…1个
擀面杖…1根
叉子…1把
烤箱…1台
烤盘…1个

做法

1. 把低筋面粉倒在案台上，用刮板开窝，倒入酵母，刮匀。
2. 加入白芝麻、苏打粉、盐，倒入牛奶，将材料混合，加入黄油，放入葱花，揉搓均匀。
3. 用擀面杖把面团擀成0.3厘米厚的面皮。
4. 用模具压出数个饼干生坯，放入烤盘中，用叉子在饼干生坯上扎小孔。
5. 将烤盘放入烤箱中，以上火170℃、下火170℃烤15分钟至熟。
6. 从烤箱中取出烤盘，将烤好的饼干装入盘中即可。

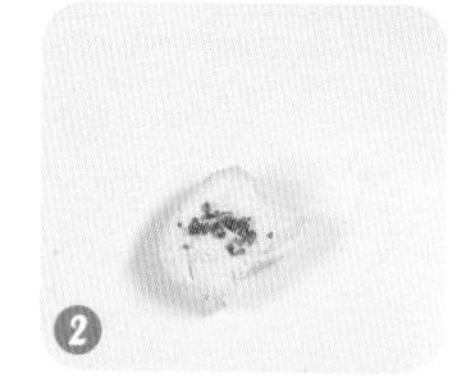
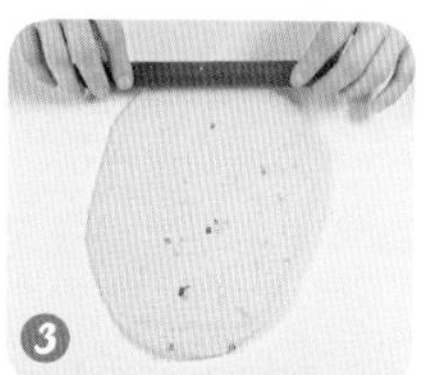
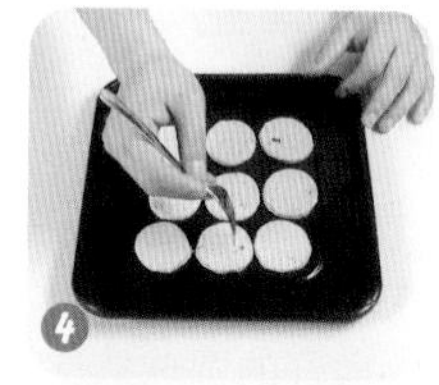
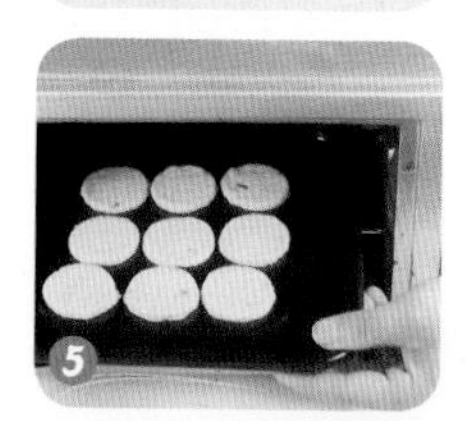

趣多多

难易度 ★☆☆☆☆

时间：15 分钟　烤制火候：上火 170℃，下火 170℃

原料

低筋面粉…150 克
糖粉…90 克
蛋黄…25 克
黄油…90 克
可可粉…40 克
巧克力豆…适量

工具

刮板…1 个
烤盘…1 个
烤箱…1 台
烘焙油纸…1 张

做法

1. 将低筋面粉、可可粉倒在案台上，用刮板搅拌均匀、开窝，倒入糖粉、蛋黄，将其搅拌均匀。
2. 加入黄油，一边搅拌一边按压，将食材充分揉搓均匀。
3. 将揉好的面团搓成条，取其中一小块揉成圆球。
4. 揉好的圆球依次粘上巧克力豆，放入铺好烘焙油纸的烤盘内，轻轻按压一下，制成饼状。
5. 将饼坯放入预热好的烤箱内，将上、下火温度均调为 170℃，烤制 15 分钟。
6. 烤熟后，将烤盘取出，放凉后，即可食用。

巧克力核桃饼干

难易度★★★☆☆

时间：18 分钟　烤制火候：上火 150℃，下火 150℃

原料

核桃碎…100 克
黄油…120 克
杏仁粉…30 克
细砂糖…50 克
低筋面粉…220 克
鸡蛋…100 克
黑巧克力液…适量
白巧克力液…适量

工具

刮板…1 个
烤箱…1 台
烤盘…1 个
刀…1 把
擀面杖…1 根

做法

1. 将低筋面粉、杏仁粉倒在案台上，用刮板开窝。
2. 倒入细砂糖、鸡蛋、黄油，将材料混合均匀，再放入核桃碎，揉成面团。
3. 在面团上撒少许低筋面粉，再用擀面杖擀成 0.5 厘米厚的面皮。
4. 用刀将面片切出数个长方形面饼，再将面饼不规则的边缘去掉。
5. 把面饼放入烤盘中，将烤盘放入烤箱中，将烤箱温度调为上火 150℃、下火 150℃，烤 18 分钟至熟，取出烤盘。
6. 将烤好的核桃饼干一端蘸上白巧克力液，另一端蘸上适量黑巧克力液，装盘即可。

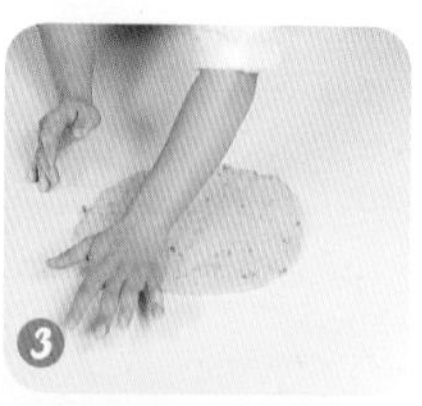

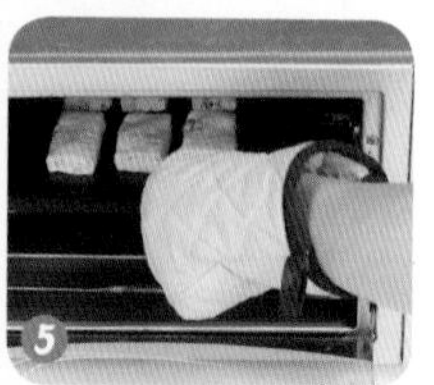

巧克力蔓越莓饼干

难易度★★☆☆☆

时间：20 分钟　烤制火候：上火 170℃，下火 170℃

原料

低筋面粉…90 克
可可粉…10 克
蛋白…20 克
黄油…80 克
奶粉…15 克
糖粉…30 克
蔓越莓干…适量

工具

刮板…1 个
烤箱…1 台
保鲜膜…1 张
烤盘…1 个
刀…1 把

做法

1. 将低筋面粉、奶粉、可可粉倒于案台上，用刮板拌匀后铺开。
2. 倒入打好的蛋白、糖粉，搅拌均匀。
3. 加黄油，拌匀后进行按压，揉成光滑面团。
4. 加入蔓越莓干，继续按压，使蔓越莓干均匀地散开在面团之中，把面团搓成长条，包上保鲜膜，放入冰箱冷冻 1 个小时。
5. 将面团从冰箱中取出，拆开保鲜膜，用刀把面团切成厚度约 1 厘米的饼干生坯。
6. 把饼干生坯装入烤盘，放入烤箱中，关上烤箱门，以上火、下火均为 170℃的温度烤约 20 分钟至熟，取出装盘即可。

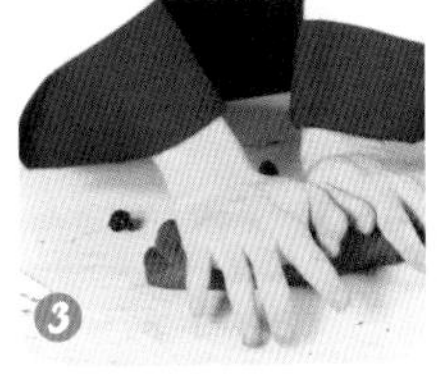

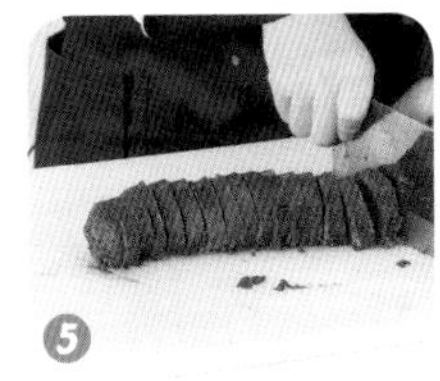

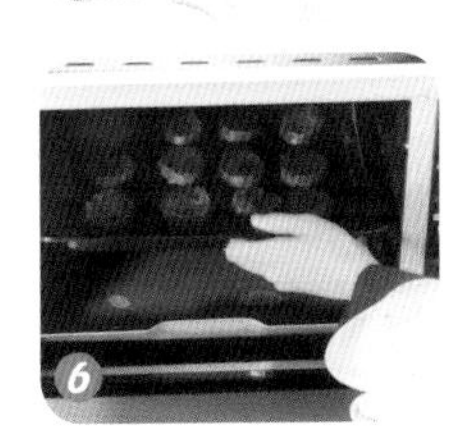

巧克力杏仁饼

难易度☆☆☆☆☆

时间：15 分钟　烤制火候：上火 170℃，下火 130℃

原料

黄油…200 克
杏仁片…40 克
低筋面粉…275 克
可可粉…25 克
全蛋…1 个
蛋黄…2 个
糖粉…150 克

工具

刮板…1 个
蛋糕刀…1 把
烤盘…1 个
烤箱…1 台
保鲜膜…适量

做法

1. 将可可粉加入低筋面粉中，再倒在案台上，用刮板开窝。
2. 倒入黄油、糖粉，用刮板切碎。
3. 加入全蛋、蛋黄，再刮入混合好的材料，揉搓成光滑的面团，加入杏仁，揉搓均匀。
4. 用保鲜膜把面团包裹严实，整理成长条形，放入冰箱冷冻 30 分钟至其变硬。
5. 把面团取出，撕去保鲜膜，切成小块即成饼干生坯，放入烤盘中。
6. 将烤盘放入预热好的烤箱里，以上火 170℃、下火 130℃烤 15 分钟，取出装盘。

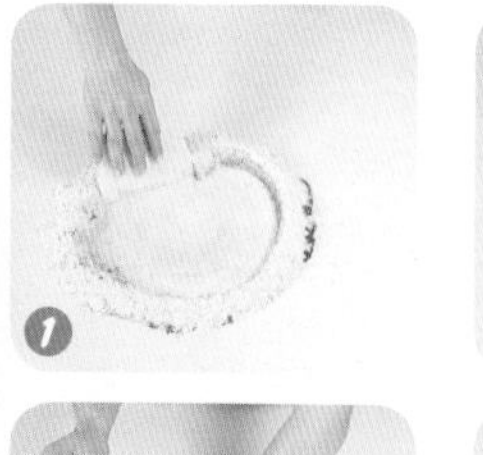

美式巧克力豆饼干

难易度☆☆☆☆☆

时间：20 分钟　烤制火候：上火 170℃，下火 170℃

原料

黄油…120 克
糖粉…90 克
鸡蛋…50 克
低筋面粉…170 克
杏仁粉…50 克
泡打粉…4 克
巧克力豆…100 克

工具

电动搅拌器…1 个
长柄刮板…1 个
筛网…1 个
烤盘…1 个
玻璃碗…1 个
高温布…1 块
烤箱…1 台

做法

1. 将黄油、泡打粉、糖粉倒入玻璃碗中，用电动搅拌器快速搅拌均匀。
2. 加入鸡蛋，搅拌均匀，将低筋面粉、杏仁粉过筛至玻璃碗中。
3. 用长柄刮板将材料搅拌匀，制成面团。
4. 倒入巧克力豆，拌匀。
5. 取一小块面团，搓圆，将面团放在铺有高温布的烤盘上。
6. 将烤盘放入烤箱，以上火 170℃、下火 170℃烤 20 分钟至熟；取出，将糖粉过筛至烤好的饼干上，装盘即可。

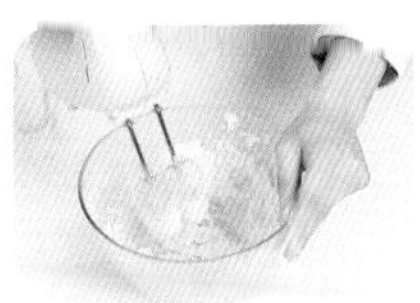

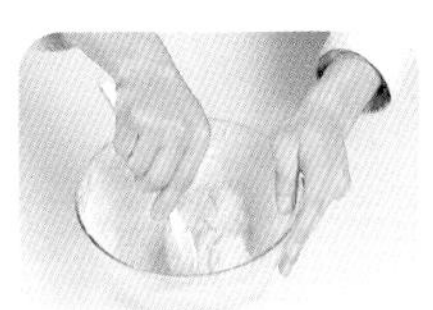

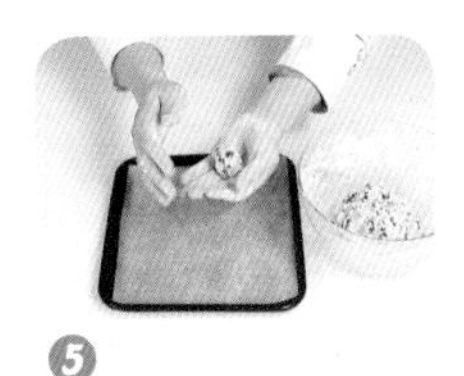

POINT

揉好的面球可以饧一会儿再放入烤箱中烤制，这样烤出的饼干口感会更好。

香甜裂纹小饼

难易度 ★★★☆☆

时间：15 分钟　烤制火候：上火 170℃，下火 170℃

原料

低筋面粉…110 克
细砂糖…60 克
橄榄油…40 毫升
蛋黄…30 克
泡打粉…5 克
可可粉…30 克
盐…2 克
酸奶…35 毫升
南瓜籽适量

工具

刮板…1 个
烤箱…1 台
烤盘…1 个
烘焙油纸…1 张

做法

1. 往低筋面粉中加入可可粉拌匀，倒在案台上用刮板开窝，淋入橄榄油，加入细砂糖。
2. 倒入酸奶，搅拌均匀，放入泡打粉，加入盐，倒入南瓜籽、蛋黄，搅拌均匀。
3. 将材料混合均匀，揉搓成面团。
4. 将面团搓成长条状，再用刮板切成数个剂子，把剂子揉成圆球状。
5. 在每个面球上均匀地裹上一层低筋面粉。
6. 再放入铺有烘焙油纸的烤盘中。
7. 将烤盘放进烤箱，以上、下火各 170℃的温度烤 15 分钟至熟。
8. 取出烤盘，冷却装盘即可。

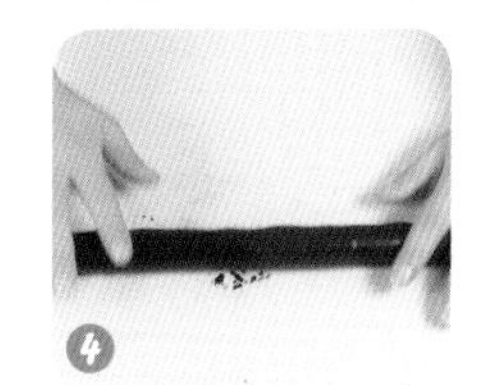

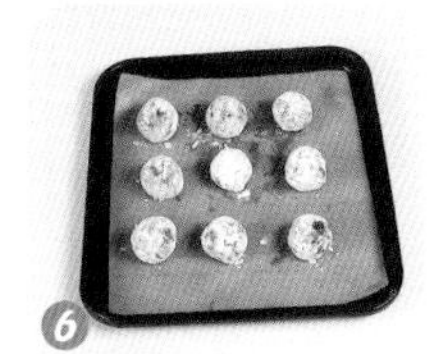

巧克力奇普饼干

难易度 

时间：15 分钟 烤制火候：上火 160℃，下火 160℃

原料

低筋面粉…100 克
黄油…60 克
红糖…30 克
细砂糖…20 克
蛋黄…20 克
核桃碎…20 克
巧克力…50 克
小苏打…4 克
盐…2 克
香草粉…2 克

工具

电动搅拌器…1 个
烤箱…1 台
烤盘…1 个
玻璃碗…1 个

做法

1. 取一个碗，倒入黄油、细砂糖，搅拌均匀。
2. 再加入红糖、小苏打、盐、香草粉，充分搅拌均匀。
3. 加入低筋面粉，搅拌均匀，再加入核桃、巧克力豆，持续搅拌片刻。
4. 再在手上沾上干粉，取适量的面团，搓圆，放入烤盘，用手掌轻轻按压制成饼状。
5. 将烤盘放入预热好的烤箱内，关好烤箱门。
6. 烤箱上火调为 160℃，下火调为 160℃，时间定为 15 分钟烤至松脆，取出即可。

可可黄油饼干

难易度☆☆☆☆☆

时间：15 分钟　烤制火候：上火 160℃，下火 160℃

原料

低筋面粉…100 克
可可粉…10 克
蛋黄…30 克
奶粉…15 克
黄油…85 克
糖粉…50 克
面粉…少许

工具

刮板…1 个
圆形模具…1 个
擀面杖…1 根
烤箱…1 台
保鲜膜…1 张
烤盘…1 个
烘焙油纸…1 张

做法

1. 往案台上倒入低筋面粉、可可粉、奶粉，用刮板拌匀，开窝，加入糖粉、蛋黄、黄油，拌匀。
2. 刮入低筋面粉，揉搓成一个光滑面团。
3. 用保鲜膜将面团包裹好，放入冰箱冷冻 30 分钟，取出冻好的面团，撕下保鲜膜。
4. 在案台上撒少许面粉，放上面团，用擀面杖将其擀成约 0.5 厘米厚的面饼，再用圆形模具在面饼上逐一按压，制成 9 个圆形生坯。
5. 在烤盘内垫一层烘焙油纸，放入生坯，将烤盘放入烤箱中，以上、下火 160℃的温度烤 15 分钟至熟。
6. 取出烤盘，将烤好的饼干装盘即可。

花生薄饼

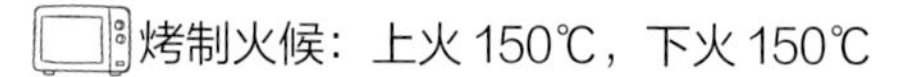

难易度☆☆☆☆☆

时间：20 分钟　烤制火候：上火 150℃，下火 150℃

原料

低筋面粉…155 克
奶粉…35 克
黄油…120 克
糖粉…85 克
鸡蛋…85 克
牛奶…45 毫升
盐…适量
花生碎…适量

工具

刮板…1 个
裱花袋…1 个
剪刀…1 把
烤箱…1 台
高温布…1 块
烤盘…1 个

做法

1. 将黄油、糖粉倒在案台上，揉搓均匀。
2. 倒入鸡蛋，拌匀，加入牛奶，用刮板搅拌均匀。
3. 放入低筋面粉、奶粉、适量盐，混合均匀。
4. 将面糊装入裱花袋中，在裱花袋尖端剪出一个小口。
5. 把面糊挤入铺有高温布的烤盘上，在面糊上撒入适量花生碎。
6. 将烤盘放入烤箱，以上火 150℃、下火 150℃烤 20 分钟至熟，取出烤盘，将花生薄饼装入容器中即可。

核桃饼干

难易度★★☆☆☆

时间：20 分钟　烤制火候：上火 180℃，下火 180℃

原料

低筋面粉…170 克
蛋白…30 克
泡打粉…4 克
核桃…80 克
黄油…60 克
红糖…50 克

工具

刮板…1 个
烤箱…1 台
高温布…1 块
烤盘…1 个

做法

1. 将低筋面粉倒于案台上,加入泡打粉,拌匀,用刮板开窝。
2. 倒入蛋白、红糖，搅拌均匀。
3. 倒入黄油，将面粉揉按成型。
4. 加入核桃，揉按均匀。
5. 取适量面团，按捏成数个饼干生坯，将饼干生坯摆在铺有高温布的烤盘上。
6. 将烤盘放入烤箱中，关上箱门，以上火、下火均为 180℃，烤约 20 分钟至熟；取出烤盘，将饼干装盘即可。

1

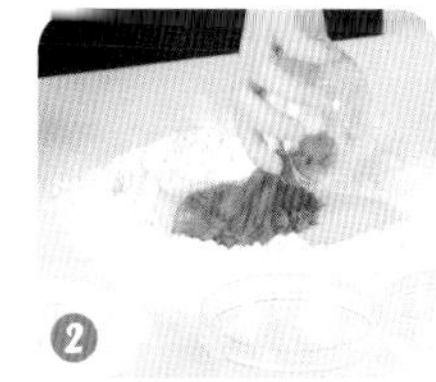
2

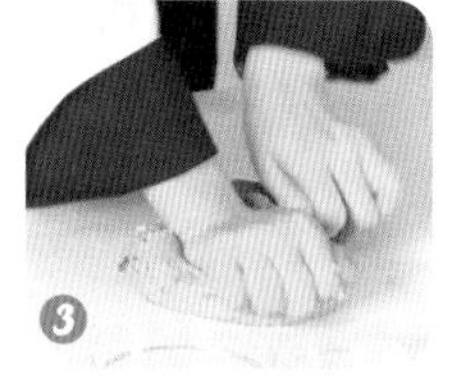
3

4

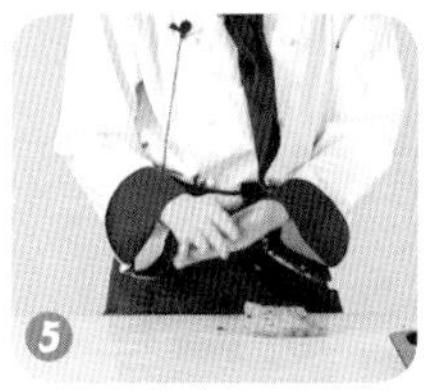
5

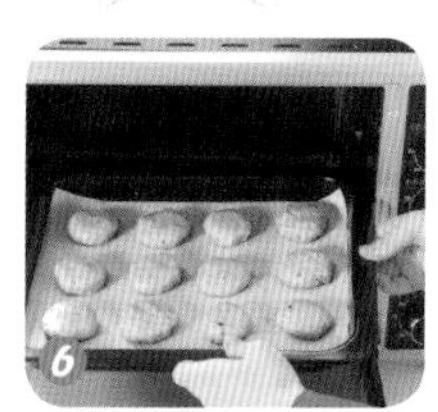
6

浓咖啡意大利脆饼

难易度 ★☆☆☆☆

时间：20 分钟　烤制火候：上火 180℃，下火 180℃

原料

低筋面粉…100 克
杏仁…35 克
鸡蛋…60 克
细砂糖…60 克
黄油…40 克
泡打粉…3 克
咖啡液…8 毫升

工具

刮板…1 个
烤箱…1 台
刀…1 把
烤盘…1 个
盘子…1 个
烘焙油纸…1 张

做法

1. 将低筋面粉倒在案台上，撒上泡打粉，用刮板拌匀，开窝，倒入细砂糖和鸡蛋，搅散蛋黄。
2. 再注入备好的咖啡液，加入黄油，慢慢搅拌一会儿，再揉搓均匀。
3. 撒上杏仁，用力地揉一会儿，制成光滑的面团，静置一会儿，待用。
4. 将面团搓成椭圆柱，用刀切成数个大小均匀的剂子。
5. 在烤盘上铺上一张大小合适的烘焙油纸，摆上剂子，平整地按压几下，制成椭圆形生坯。
6. 烤箱预热，放入烤盘，关好烤箱门，以上下火均为 180℃的温度烤约 20 分钟，至食材熟透，取出摆盘即可。

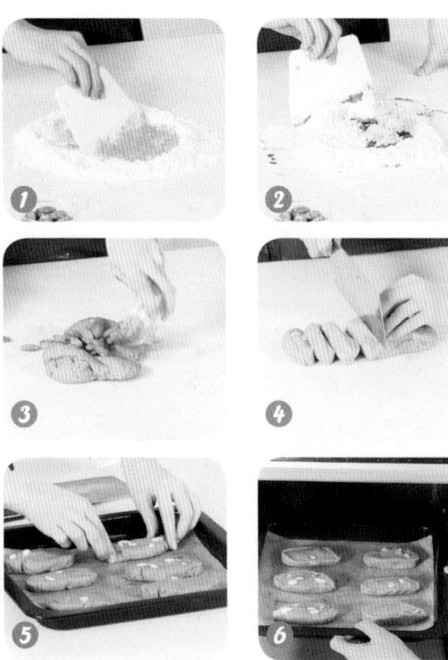

酥脆花生饼干

难易度 

时间：15 分钟　烤制火候：上火 160℃，下火 160℃

原料

低筋面粉…160 克
鸡蛋…60 克
苏打粉…5 克
黄油…100 克
花生酱…100 克
细砂糖…80 克
花生碎…适量

工具

刮板…1 个
烤箱…1 台
玻璃碗…1 个
烤盘…1 个
盘子…1 个

做法

1. 往案台上倒入低筋面粉、苏打粉，用刮板拌匀，开窝。
2. 加入鸡蛋、细砂糖，稍稍拌匀，放入黄油、花生酱，刮入混合好的面粉，混合均匀。
3. 将混合物搓揉成一个光滑面团。
4. 逐一取适量面团，揉圆，制成生坯，将生坯均匀粘上玻璃碗中的花生碎，再放入烤盘上，用手逐个按压一下，做成圆饼状。
5. 将烤盘放入烤箱中，以上、下火各 160℃的温度烤 15 分钟至熟。
6. 待时间到，取出烤好的饼干装盘即可。

南瓜籽薄片

难易度★☆☆☆☆

原料

低筋面粉…35 克
细砂糖…30 克
南瓜籽…30 克
色拉油…10 毫升
鸡蛋…60 克

工具

手动打蛋器…1 个
烤盘…1 个
烤箱…1 台
篮子…1 个
勺子…1 个
玻璃碗…1 个
烘焙油纸…1 张

做法

1. 把低筋面粉倒入玻璃碗中，倒入色拉油、鸡蛋、细砂糖，用手动打蛋器搅匀。
2. 加入南瓜籽，搅匀。
3. 用勺子舀适量的浆汁，倒在铺有烘焙油纸的烤盘中，制成 4 个薄片生坯。
4. 将烤盘放入已经预热好的烤箱中。
5. 以上火 170℃、下火 170℃的温度烤 8 分钟至熟。
6. 待时间到，关火，取出烤盘，将烤好的薄片装入篮中即可。

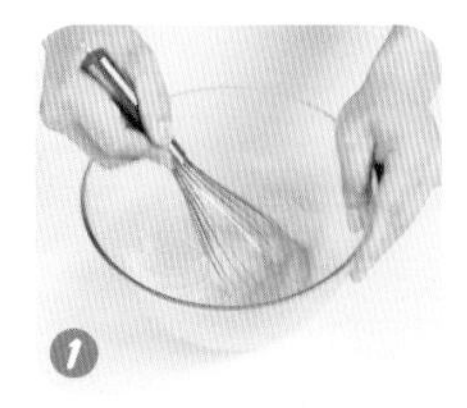

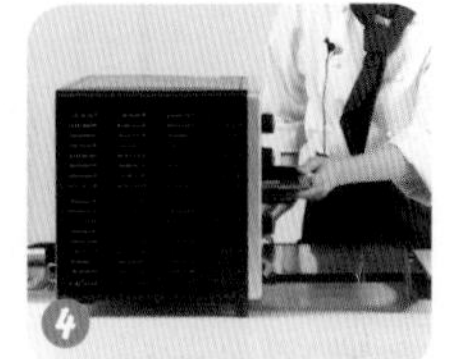

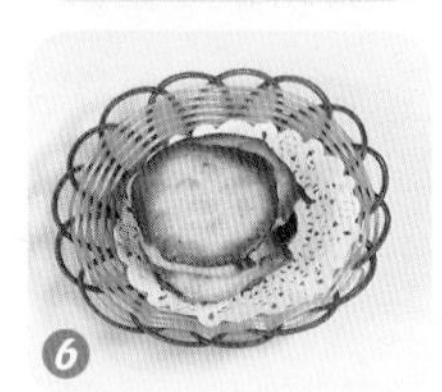

瓜子仁脆饼

难易度☆☆☆☆☆

时间：15 分钟　烤制火候：上火 150℃，下火 150℃

原料

蛋白…80 克
细砂糖…50 克
低筋面粉…40 克
瓜子仁 100 克
奶油…25 克
奶粉…10 克

工具

电动搅拌器…1 个
烤箱铁架…1 个
钢尺…1 把
烘焙油纸…1 块
烤箱…1 台
盆…1 个

做法

1. 把蛋白、细砂糖倒入盆中，用电动搅拌器中速打至细砂糖完全溶化。
2. 加入低筋面粉、瓜子仁、奶粉，拌匀至无粉粒状。
3. 加入融化的奶油，完全拌匀，制成饼干糊。
4. 将饼干糊倒在铺有烘焙油纸的烤箱铁架上，用刮板将饼干糊抹至厚薄均匀。
5. 将烤箱铁架放入烤箱，以上下火均为150℃的温度烤 15 分钟，烤干表面取出。
6. 在案台上将整张饼坯用钢尺切成长方形后，再放入烤箱继续烘烤 8 分钟至脆饼完全熟透，且两面呈金黄色，取出冷却即可。

杏仁奇脆饼

难易度

时间：15 分钟　烤制火候：上火 190℃，下火 140℃

原料

黄油…90 克
低筋面粉…110 克
糖粉…90 克
蛋白…50 克
杏仁片…适量

工具

电动搅拌器…1 个
长柄刮板…1 个
裱花袋…1 个
玻璃碗…1 个
剪刀…1 把
烤箱…1 台
高温布…1 块

做法

1. 将黄油倒入玻璃碗中，加入糖粉，用电动搅拌器搅拌均匀。
2. 加入蛋白，用电动搅拌器搅拌均匀。
3. 倒入低筋面粉，用长柄刮板搅拌成糊状。
4. 把面糊装入裱花袋里，再用剪刀在裱花袋的尖角处剪开一个小口，挤在铺有高温布的烤盘里。
5. 把余下的面糊在烤盘上挤出大小相同的饼干生坯，撒上适量杏仁片。
6. 把烤盘放入预热好的烤箱里，以上火 190℃、下火 140℃烤约 15 分钟；打开箱门，把烤好的饼干取出即可。

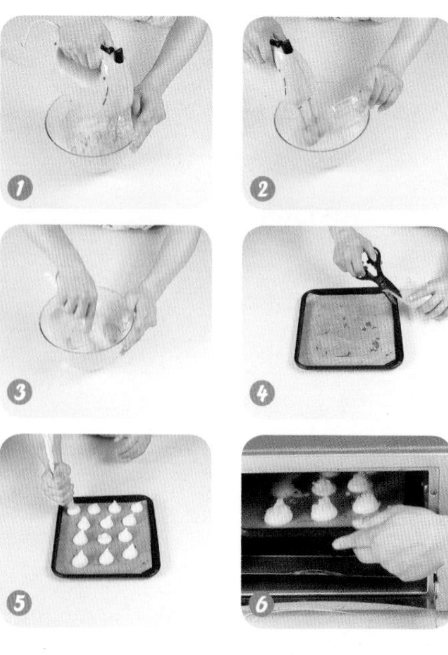

牛奶星星饼干

难易度★☆☆☆☆

时间：15 分钟　烤制火候：上火 160℃，下火 160℃

原料

低筋面粉…100 克　黄油…80 克
牛奶…30 毫升　糖粉…50 克
奶粉…15 克　面粉…少许

工具

刮板…1 个　烤箱…1 台
擀面杖…1 根　烤盘…1 个
星星型模具…1 个

做法

1. 往案台上倒入低筋面粉、奶粉拌匀，用刮板开窝，倒入糖粉、黄油拌匀，加入牛奶，混合均匀。
2. 刮入面粉拌匀，将混合物搓揉成一个纯滑面团。
3. 案台上撒少许面粉，放上面团，用擀面杖将面团擀成约 0.5 厘米厚的面饼。
4. 用星星型模具在面饼上按压出 6 个星星形状的饼坯。
5. 将星星饼坯装入烤盘中，再将烤盘放入烤箱，以上、下火 160℃的温度烤 15 分钟至熟。
6. 取出烤盘，待烤好的饼干冷却即可食用。

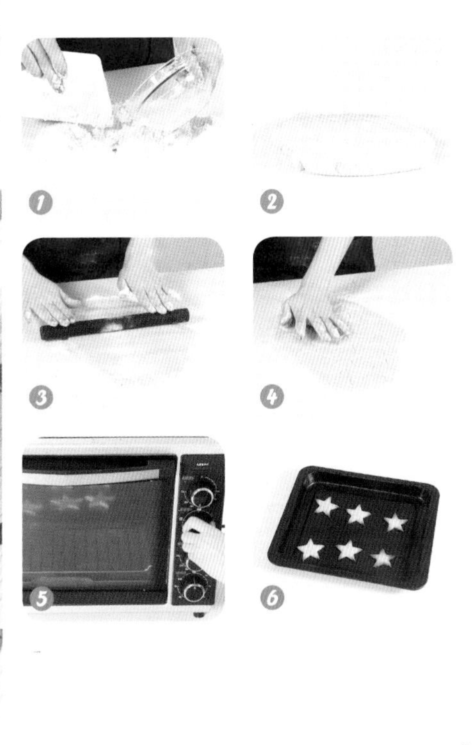

POINT

揉搓材料的时候不需要过分用力，以免面团被揉搓得过硬，影响饼干口感。

猕猴桃小饼干

难易度 

时间：15 分钟　烤制火候：上火 170℃，下火 170℃

原料

低筋面粉…275 克
黄油…150 克
糖粉…100 克
鸡蛋…50 克
抹茶粉…8 克
可可粉…5 克
吉士粉…5 克
黑芝麻…适量

工具

刮板…1 个
擀面杖…1 根
烤箱…1 台
保鲜膜…2 张
刀…1 把
烘焙油纸…1 张
烤盘…1 个

做法

1. 把低筋面粉倒在案台上用刮板开窝。
2. 倒入糖粉，加入鸡蛋、黄油，混合均匀，揉搓成面团。
3. 把面团分成 3 份，取其中一个面团，加入吉士粉，揉搓成条；再取另一个面团，加入可可粉，揉搓均匀；将最后一个面团加入抹茶粉，揉搓均匀。
4. 用擀面杖把抹茶粉面团擀成面片，放入吉士粉面团，卷好，再裹上保鲜膜，冷冻 2 小时定型，取出后撕去保鲜膜。
5. 把可可粉面团擀成面片，放上冻好的双色面团，裹好，制成三色面团。
6. 面团裹上保鲜膜，冷冻 2 小时定型。
7. 取出面团后撕去保鲜膜，用刀将三色面团切成饼坯。
8. 将饼坯放入铺有烘焙油纸的烤盘里，在饼坯中心点缀上适量黑芝麻，将烤盘放入烤箱，以上、下火各 170℃的温度烤 15 分钟至熟，取出即可。

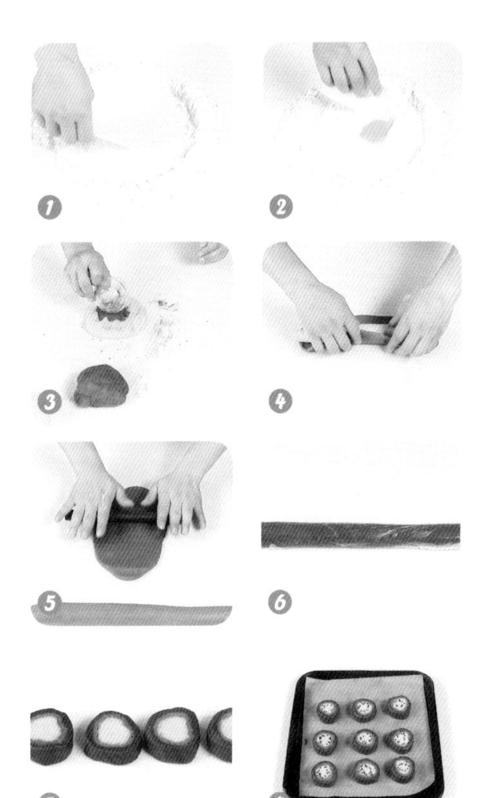

四色棋格饼干

难易度☆☆☆☆☆

时间：15 分钟　烤制火候：上火 160℃，下火 160℃

POINT

1. 可以将面团放入冰箱冷冻后再切，这样不易变形。
2. 若没有低筋面粉，可以用高筋面粉和玉米淀粉以1 ：1比例进行调配。

原料

香草面团：低筋面粉 150 克，黄油 80 克，糖粉 60 克，蛋白 25 克，香草粒 2 克

巧克力面团：低筋面粉 78 克，可可粉 12 克，黄油 48 克，糖粉 36 克，鸡蛋 15 克

红曲面团：低筋面粉 78 克，红曲粉 12 克，黄油 48 克，糖粉 36 克，鸡蛋 15 克

抹茶面团：低筋面粉 78 克，抹茶粉 12 克，黄油 48 克，糖粉 36 克，鸡蛋 15 克

工具

刮板…1 个
刷子…1 把
烤箱…1 台
刀…1 把
保鲜膜…2 张
烘焙油纸…1 张
烤盘…1 个

步骤

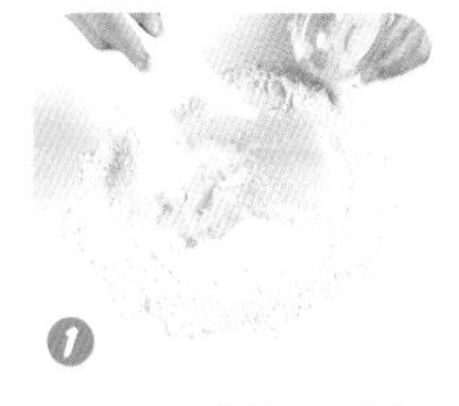

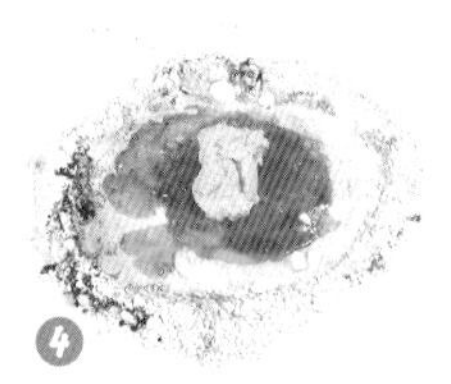

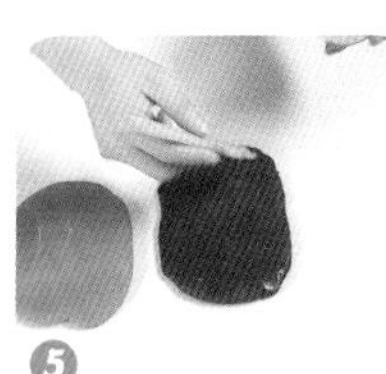

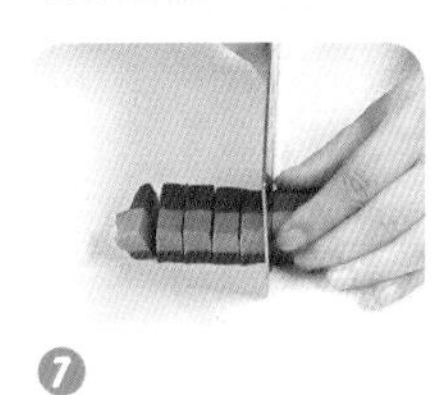

做法

1. 低筋面粉中加香草粒拌匀，用刮板开窝，倒入糖粉、蛋白搅匀，倒入黄油，混合均匀，揉搓成光滑的香草面团。
2. 把低筋面粉倒在案台上，放入可可粉，用刮板开窝，倒入糖粉、鸡蛋，用刮板搅匀，加入黄油，将材料混合均匀，揉搓成光滑的巧克力面团，再用手压成面片。
3. 把做好的香草面团压平，刷上一层蛋黄，放上压好的巧克力面片。
4. 低筋面粉加红曲粉拌匀，用刮板开窝，倒入糖粉、鸡蛋、黄油，揉搓成光滑的红曲面团；另取低筋面粉加入抹茶粉，开窝，倒入糖粉、鸡蛋、黄油，揉搓成光滑的抹茶面团，压成面片。
5. 将红曲面团压平，用刷子刷上一层蛋黄，盖在压好的抹茶面团上，压平。
6. 将红曲面团和抹茶面团用保鲜膜包裹好，放入冰箱，冷冻至定型，取出去除保鲜膜；把香草面团和巧克力面团用保鲜膜包裹好，放入冰箱，冷冻至定型，取出去除保鲜膜。
7. 用刀将两块面片均切成 1.5 厘米宽的条状，将切好的两种双色面片并在一起，做成方块，制成饼坯。
8. 在烤盘上铺层烘焙油纸，放入饼坯，将烤盘放入烤箱，以上、下火均为 160℃ 的温度烤 15 分钟至熟，取出即可。

黄金芝士饼干

难易度☆☆☆☆☆

时间：15 分钟　　烤制火候：上火 160℃，下火 160℃

原料

低筋面粉 260 克，清水 100 毫升，色拉油 62 毫升，酵母 3 克，苏打粉 2 克，芝士 10 克，面粉少许（原料外）

工具

刮板…1 个
饼干模具…1 个
擀面杖…1 根
烤箱…1 台
烤盘…1 个

做法

1. 案台上倒入 200 克低筋面粉、酵母、苏打粉，开窝，加入色拉油、水、芝士拌匀，刮入面粉，混合均匀，搓揉成油皮面团。
2. 案台上倒入 60 克低筋面粉，开窝，加入剩余色拉油，刮入面粉，搓揉成油心面团。
3. 往案台上撒少许面粉，放上油皮面团，用擀面杖擀薄，将油心面团按压一下，放在油皮面饼的一端。
4. 用油皮面饼另外一端盖住油心面团，压紧面饼四周，将油心面团裹住，再将裹面团的面片擀薄，两端往中间对折。
5. 用饼干模具按压，制成生坯，放入烤盘内。
6. 将烤盘放入烤箱中，以上、下火均为 160℃的温度烤 15 分钟至熟，取出即可。

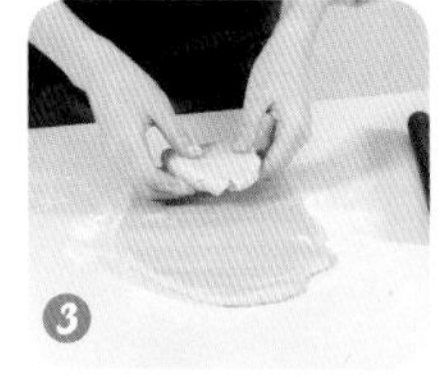

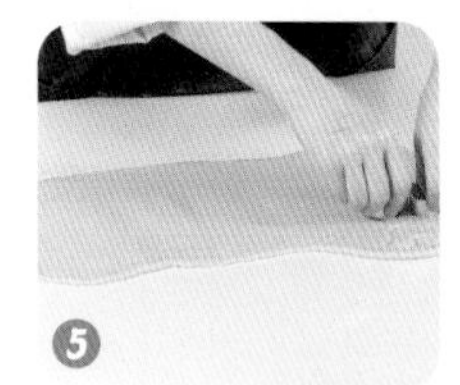

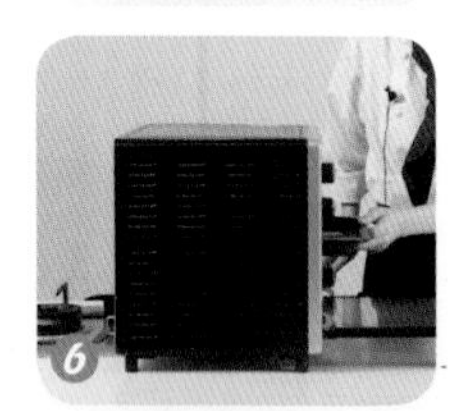

数字饼干

难易度☆☆☆☆☆

时间：10 分钟　　烤制火候：上火 200℃，下火 200℃

原料

黄油…240 克
糖粉…200 克
鸡蛋…100 克
低筋面粉…400 克
高筋面粉…100 克

工具

电动搅拌器…1 个
刮板…1 个
玻璃碗…1 个
数字符号模具…4 个
保鲜膜…适量
筛网…1 个
烤箱…1 台
烤盘…1 个

做法

1. 黄油倒入玻璃碗中，用电动搅拌器搅拌，加入糖粉，快速搅拌均匀，倒入鸡蛋。
2. 分别将低筋面粉、高筋面粉过筛至碗中，拌匀，制成面糊。
3. 将面糊倒在案台上，压拌均匀，制成光滑的面团，揉搓成长条状，对半切开。
4. 取其中一半面团，铺上保鲜膜，包好，并用手压扁，放入冰箱，冷藏 30 分钟。
5. 从冰箱中取出面团，撕开保鲜膜，在案台上撒上适量的低筋面粉，放上面团，按压片刻，依次将数字符号模具放在面团上，按压一下，取出，放在案台上。
6. 将面团脱模，放入烤盘，再放入烤箱，温度调成上、下火 200℃，烤 10 分钟。

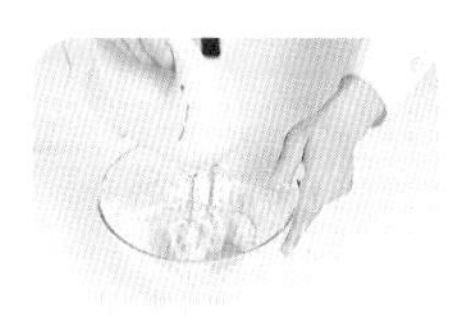
1

2

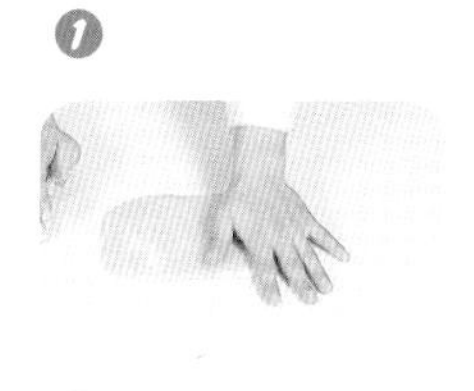
3

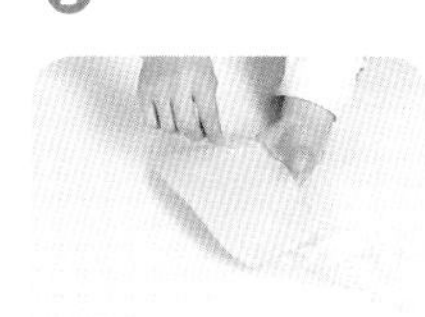
4

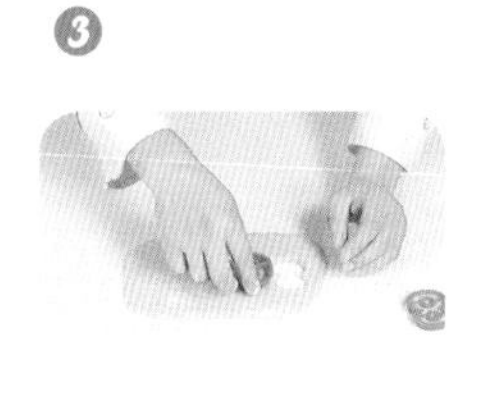
5

6

纽扣饼干

难易度☆☆☆☆☆

时间：15 分钟　烤制火候：上火 160℃，下火 160℃

原料

低筋面粉…160 克　奶粉…10 克
鸡蛋…60 克　糖粉…50 克
盐…1 克　黄油…80 克

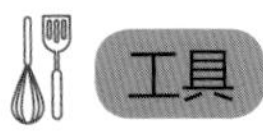

工具

大小圆形饼干模具…2 个　烤箱…1 台
刮板…1 个　烤盘…1 个
叉子…1 个

做法

1. 把低筋面粉倒在案台上，加入奶粉拌匀，用刮板开窝，加入盐、糖粉、鸡蛋，用刮板拌匀。
2. 倒入黄油，将材料混合均匀，揉搓成光滑的面团。
3. 将面团搓成长条状，用刮板切成数个大小一致的剂子，把剂子压扁。
4. 用较大的饼干模具把剂子压成圆饼状，去掉边缘多余的面团，再用较小的饼干模具轻轻按压面团，形成花纹。
5. 把做好的饼坯放入烤盘，用叉子在饼坯中心处轻轻插一下，制成纽扣饼干生坯。
6. 将烤盘放入烤箱，以上、下火均为 160℃ 的温度烤 15 分钟至熟，取出即可。

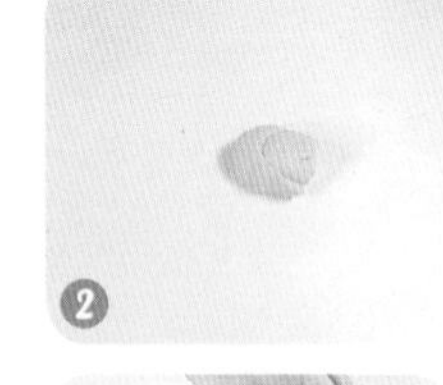

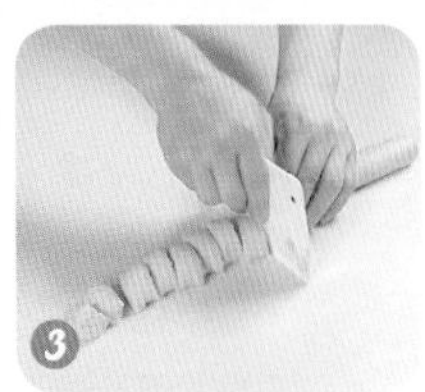

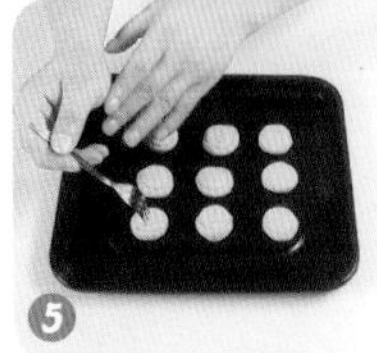

家庭小饼干

难易度

时间：15 分钟　烤制火候：上火 160℃，下火 160℃

原料

低筋面粉…50 克
玉米淀粉…20 克
奶粉…20 克
泡打粉…5 克
细砂糖…20 克
黄油…10 克
蛋黄…30 克

工具

刮板…1 个
烤箱…1 台
烤盘…1 个

做法

1. 将低筋面粉、玉米淀粉、奶粉、泡打粉倒在面板上，拌匀。
2. 开窝，加入细砂糖、蛋黄、黄油，将四周的粉覆盖上去。
3. 将所有的材料揉搓成面团。
4. 将揉好的面团搓成长条，用刮板切成大小均匀的小段。
5. 将面团依次揉成圆形放入烤盘，轻轻压成饼状制成饼坯。
6. 将烤盘放入烤箱内，以上、下火均为160℃烤至熟；取出烤盘，将烤好的饼干装盘即可。

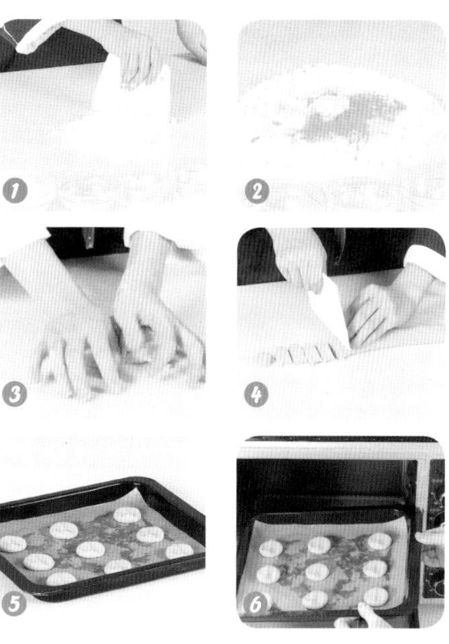

POINT

揉搓小面团的时候，手上可以撒些面粉，这样可以防止面团粘手。

清爽柠檬饼干

难易度☆☆☆☆☆

时间：15 分钟　烤制火候：上火 160℃，下火 160℃

原料

低筋面粉…200 克
黄油…130 克
糖粉…100 克
盐…5 克
柠檬皮碎…10 克
柠檬汁…20 毫升

工具

刮板…1 个
烤箱…1 台
烤盘…1 个

做法

1. 案台上倒入低筋面粉、盐，用硅胶刮板拌匀，开窝。
2. 倒入糖粉、黄油，拌匀。
3. 加入柠檬皮碎、柠檬汁。
4. 刮入面粉，混合均匀。
5. 将材料揉搓成一个纯滑面团。
6. 取适量的面团，稍微揉圆。
7. 将揉好的小面团放入垫有烘焙纸的烤盘上，按压一下，制成圆饼生坯。
8. 将烤盘放入烤箱中，以上火 160℃、下火 160℃烤至熟；取出烤盘，将烤好的饼干装盘即可。

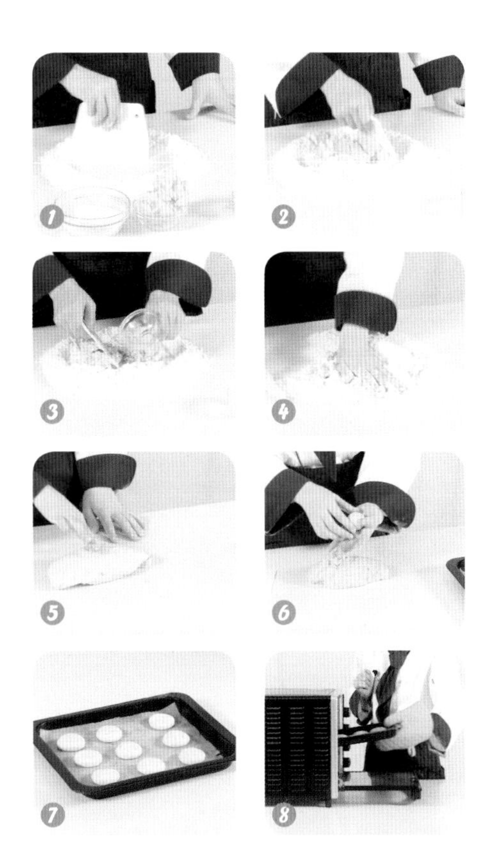

蛋黄小饼干

难易度☆☆☆☆☆

时间：15 分钟　烤制火候：上火 170℃，下火 170℃

原料

低筋面粉…90 克
鸡蛋…60 克
蛋黄…30 克
细砂糖…50 克
泡打粉…2 克
香草粉…2 克

工具

刮板…1 个
裱花袋…1 个
烤箱…1 台
烤盘…1 个
烘焙油纸…1 张
玻璃碗…1 只
盘子…1 个

做法

1. 把低筋面粉装入碗里，加入泡打粉、香草粉，拌匀，倒在案台上，用刮板开窝。
2. 倒入白糖，加入鸡蛋、蛋黄，搅匀。
3. 将材料混合均匀，和成面糊。
4. 把面糊装入裱花袋中，备用。
5. 在烤盘铺一层高温布，挤上适量面糊，挤出数个饼干生坯。
6. 将烤盘放入烤箱，以上火 170℃、下火 170℃烤 15 分钟至熟；取出烤好的饼干，装入盘中即可。

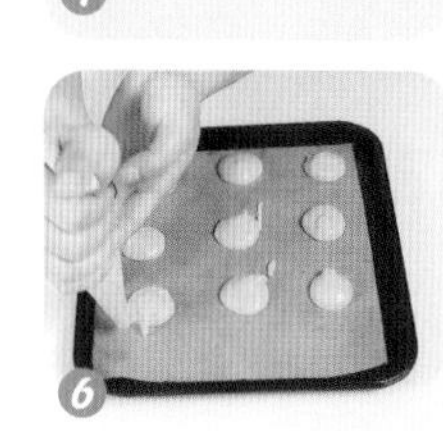

椰蓉蛋酥饼干

难易度★★☆☆☆

时间：15 分钟　烤制火候：上火 180℃，下火 150℃

原料

低筋面粉…150 克　细砂糖…60 克
奶粉…20 克　黄油…125 克
鸡蛋…2 个　椰蓉…50 克
盐…2 克

工具

刮板…1 个　烤盘…1 个
烤箱…1 台　烘焙油纸…1 张

做法

1. 将低筋面粉、奶粉倒在案台上，搅拌片刻，用刮板在中间掏一个窝，加入备好的细砂糖、盐、鸡蛋，在中间搅拌均匀。
2. 倒入黄油，将四周的粉覆盖上去，一边翻搅一边按压，至面团均匀平滑。
3. 取适量面团揉成圆形，在外圈均匀地粘上椰蓉。
4. 放入铺好烘焙油纸的烤盘中，轻轻压成饼状，将面团依次制成饼干生坯。
5. 将烤盘放入预热好的烤箱里，调成上火 180℃、下火 150℃，烤制 15 分钟至熟。
6. 将烤盘取出，待饼干放凉后，将其装入盘中即可。

POINT

因为是熟蛋黄，倒入之后将蛋黄压碎会更方便搅拌。

玛格丽特小饼干

难易度 

时间：20 分钟　烤制火候：上火 170℃，下火 160℃

 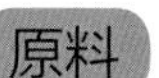

原料

低筋面粉…100 克
玉米淀粉…100 克
黄油…100 克
糖粉… 80 克
盐…2 克
熟蛋黄 30 克

工具

刮板…1 个
烤箱…1 台
烘焙油纸…1 张
烤盘… 1 个

做法

1. 将低筋面粉、玉米淀粉倒在案台上，用刮板搅拌均匀。
2. 在中间掏出一个窝，倒入糖粉、黄油、盐、熟蛋黄的混合物。
3. 揉至面团均匀平滑。
4. 将揉好的面团搓成长条，用刮板切成大小一致的小段。
5. 将切好的小段揉圆，将揉好的面团放入铺好烘焙油纸的烤盘上。
6. 用拇指压在面团上面，压出自然裂纹，制成饼坯。
7. 将烤盘放入预热好的烤箱内，上火温度调为 170℃，下火温度调为 160℃，烤制 20 分钟至熟。
8. 将烤盘取出，待晾凉之后即可食用。

拿酥饼

难易度★★☆☆☆

时间：15 分钟　烤制火候：上火 180℃，下火 180℃

原料

低筋面粉…325 克
细砂糖…300 克
猪油…50 克
黄油…100 克
鸡蛋…60 克
臭粉…2.5 克
奶粉…40 克
食粉…2.5 克
泡打粉…4 克
吉士粉…适量
蛋黄…30 克

工具

刮板…1 个
刷子…1 把
烤箱…1 台
隔热手套…1 个
烤盘…1 个

做法

1. 把低筋面粉倒在案台上，加入细砂糖、吉士粉、奶粉、臭粉、食粉、泡打粉，用刮板混合均匀。
2. 把黄油、猪油混合均匀，加到混合好的粉中，混合均匀，再加入鸡蛋，搅拌，揉搓成面团。
3. 取适量面团，搓成条状，用刮板切成数个大小均等的剂子。
4. 把剂子捏成圆球状，制成生坯，装入烤盘，用刷子逐个刷一层蛋黄液。
5. 将生坯放入烤箱里，关上箱门，将烤箱上下火温度均调为 180℃，烤制 15 分钟至熟。
6. 戴上隔热手套，打开箱门，将烤好的拿酥饼取出装盘即可。

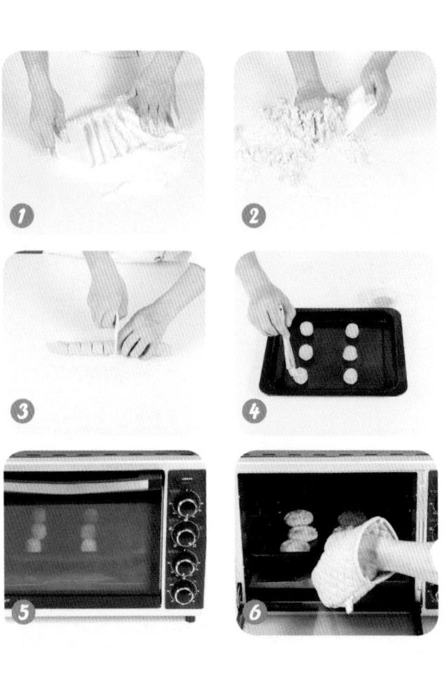

橄榄油原味香脆饼

难易度☆☆☆☆☆

时间：15 分钟　烤制火候：上火 170℃，下火 170℃

原料

全麦粉…100 克
橄榄油…20 毫升
盐…2 克
苏打粉…1 克
清水…45 毫升

工具

刮板…1 个
擀面杖…1 根
叉子…1 把
烤箱…1 台
刀…1 把
隔热手套…1 个
烘焙油纸…1 张
烤盘…1 个

做法

1. 将全麦粉倒在案台上，用刮板开窝，倒入苏打粉，加入盐，拌匀。
2. 加入清水、橄榄油搅匀，将材料混合均匀，揉搓成面团。
3. 用擀面杖把面团擀成 0.3 厘米厚的面片，再用刀把面片切成长方形的饼坯。
4. 去掉多余的面片，用叉子在饼坯上扎小孔，将饼坯放入铺有烘焙油纸的烤盘中。
5. 将烤盘放入烤箱，以上、下火各 170℃烤 15 分钟至熟。
6. 戴上隔热手套，取出烤好的香脆饼，装入盘中即可。

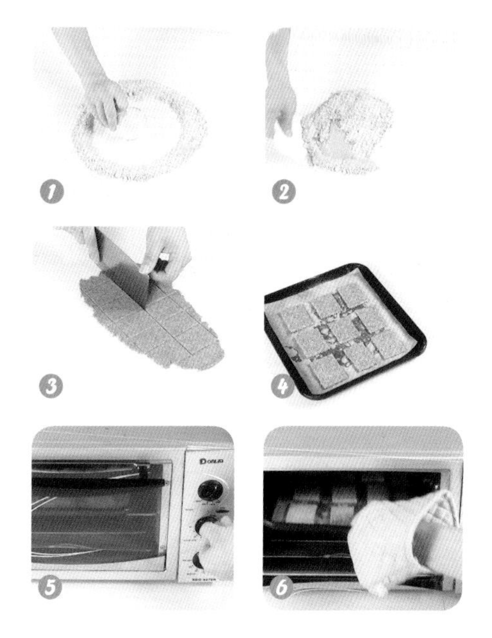

绵密柔软的蛋糕

人人都爱的草莓奶油蛋糕、口感细腻的水果蛋糕卷、层次丰富的樱桃利口酒蛋糕、蓬松柔软的柠檬蛋糕、入口即化的巧克力蛋糕……不同的蛋糕，代表着不同的心情和意义。生日、恋爱、婚礼，在人生这么重要的时刻，当然要与身边的亲朋好友或是情人知己、乃至同学同事共同分享，成为记忆中难忘的生活欢聚时刻。动动手，把甜蜜分享给你的家人和朋友吧！

POINT

可以在纸杯里加入葡萄干，口味会更佳。

抹茶玛芬蛋糕

难易度

时间：20 分钟　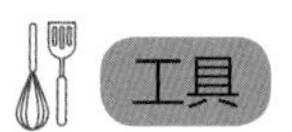烤制火候：上火 190℃，下火 170℃

原料

糖粉…160 克
鸡蛋…220 克
低筋面粉…270 克
牛奶…40 毫升
盐…3 克
泡打粉…8 克
溶化的黄油…150 克
抹茶粉…15 克

工具

电动搅拌器…1 个
裱花袋…1 个
长柄刮板…1 个
玻璃碗…1 个
烤盘…1 个
蛋糕纸杯…6 个
剪刀…1 把
烤箱…1 台
筛网…1 个

做法

1. 将鸡蛋、糖粉、盐倒入玻璃碗中，用电动搅拌器搅拌均匀。
2. 倒入溶化的黄油，搅拌均匀。
3. 将低筋面粉过筛至碗中。
4. 把泡打粉过筛至碗中，用电动搅拌器搅拌均匀。
5. 倒入牛奶，并不停搅拌，制成面糊，待用。
6. 再加入抹茶粉，用电动搅拌器拌匀。
7. 用长柄刮板将面糊装入裱花袋中。
8. 把蛋糕纸杯放入烤盘中。
9. 在裱花袋尖端部位剪开一个小口，将面糊挤入纸杯内，至七分满。
10. 将烤盘放入烤箱，以上火 190℃、下火 170℃的温度，烤 20 分钟至熟即可。

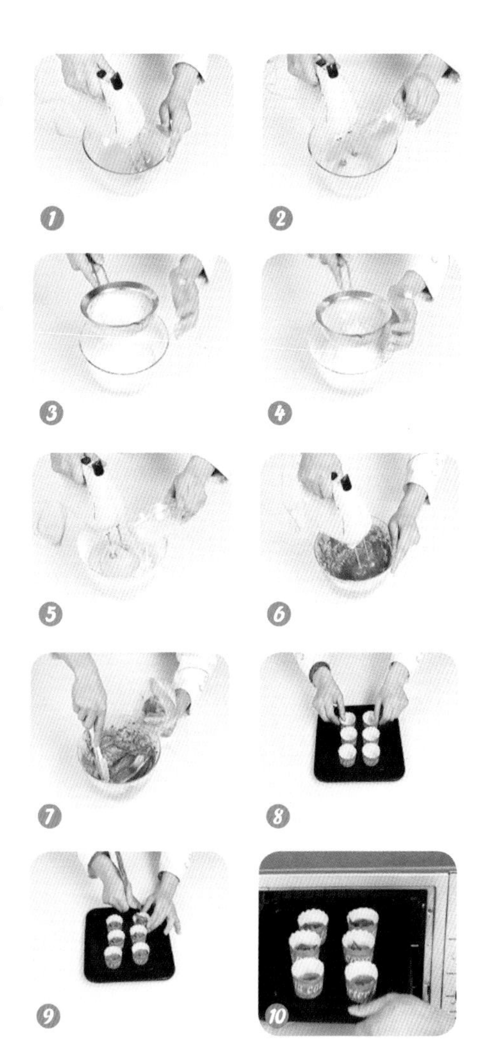

巧克力奶油麦芬蛋糕

难易度☆☆☆☆☆

时间：15 分钟 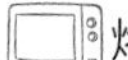烤制火候：上火 180℃，下火 160℃

原料

鸡蛋…210 克
盐…3 克
色拉油…60 毫升
牛奶…40 毫升
低筋面粉…250 克
泡打粉…8 克
糖粉…160 克
可可粉…40 克
打发植物鲜奶油…80 克

工具

电动搅拌器…1 个
裱花袋…2 个
长柄刮板…1 个
裱花嘴…1 个
蛋糕杯…6 个
剪刀…1 把
烤箱…1 台
烤盘…1 个
玻璃碗…1 只
盘子…1 只

做法

1. 把鸡蛋倒入玻璃碗中，加入糖粉、盐，用电动搅拌器快速搅匀。
2. 加入泡打粉、低筋面粉，搅成糊状，倒入牛奶搅匀，加入色拉油搅拌，搅成纯滑的蛋糕浆，把蛋糕浆装入裱花袋里。
3. 将植物鲜奶油倒入碗中，加入可可粉，用长柄刮板拌匀。
4. 把可可粉奶油装入另一套有裱花嘴的裱花袋里，用剪刀将装有蛋糕浆的裱花袋剪一个小口，把蛋糕浆挤入烤盘蛋糕杯中，装约七分满。
5. 将烤箱温度调为上火 180℃，下火 160℃，预热 5 分钟，打开烤箱门，放入蛋糕生坯，关上烤箱门，烘烤 15 分钟至熟。
6. 取出烤好的蛋糕，逐个挤上适量可可粉奶油，装盘即可。

1

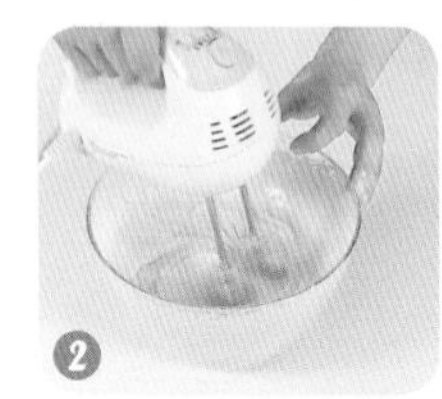
2

3

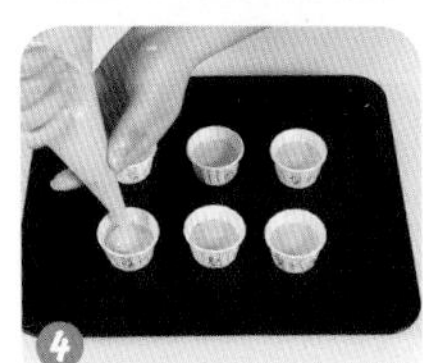
4

5

6

柠檬玛芬蛋糕

难易度☆☆☆☆☆

时间：20 分钟　烤制火候：上火 170℃，下火 160℃

原料

糖粉…100 克
鸡蛋…2 个
黄油…120 克
泡打粉…2 克
低筋面粉…120 克
切碎的柠檬皮、打发的鲜奶油…各适量

工具

电动搅拌器…1 个
花嘴…1 个
筛网…1 个
玻璃碗…1 个
剪刀…1 把
锡纸杯…8 个
烤箱…1 台
裱花袋…2 个

做法

1. 将黄油倒入玻璃碗中，用电动搅拌器搅匀。
2. 倒入糖粉，搅拌匀，先加入一个鸡蛋，搅拌均匀，再加入另一个鸡蛋，继续搅拌。
3. 将低筋面粉、泡打粉过筛至碗中，搅匀。
4. 放入柠檬皮碎，搅拌成糊状，将面糊装入裱花袋中，在尖端部位剪出一个小口，将面糊挤入锡纸杯中，至八分满，把锡纸杯放入烤盘。
5. 将烤盘放入烤箱，以上火 170℃、下火 160℃的温度，烤 20 分钟至熟；从烤箱中取出烤盘。
6. 将花嘴放入裱花袋中，在尖端部位剪开一个小口，把打发的鲜奶油装入裱花袋中，将烤好的柠檬玛芬蛋糕装入盘中，挤上适量打发的鲜奶油装饰即可。

蜜豆玛芬蛋糕

难易度★★☆☆☆

时间：15 分钟　烤制火候：上火 180℃，下火 160℃

原料

黄油…60 克
细砂糖…60 克
鸡蛋…60 克
牛奶…50 毫升
柠檬汁…15 毫升
低筋面粉…100 克
泡打粉…3 克
蜜红豆…适量

工具

玻璃碗…1 个
长柄刮板…1 把
电动搅拌器…1 个
烤箱…1 台
蛋糕纸杯…数个
烤盘…1 个

做法

1. 取一个玻璃碗，倒入细砂糖、鸡蛋，用电动搅拌器搅匀。
2. 加入泡打粉、黄油拌匀，倒入低筋面粉，稍微拌一下后开动搅拌器搅匀。
3. 加入牛奶，一边倒一边搅匀，缓缓倒入柠檬汁，不停搅拌。
4. 放入蜜红豆，搅拌均匀，制成蛋糕浆。
5. 取数个蛋糕纸杯，放在烤盘上，用长柄刮板将拌好的蛋糕浆逐一刮入纸杯中，至六分满。
6. 将烤盘放入烤箱，以上火 180℃、下火 160℃的温度烤 15 分钟至熟；取出烤盘，将烤好的蛋糕装盘即可。

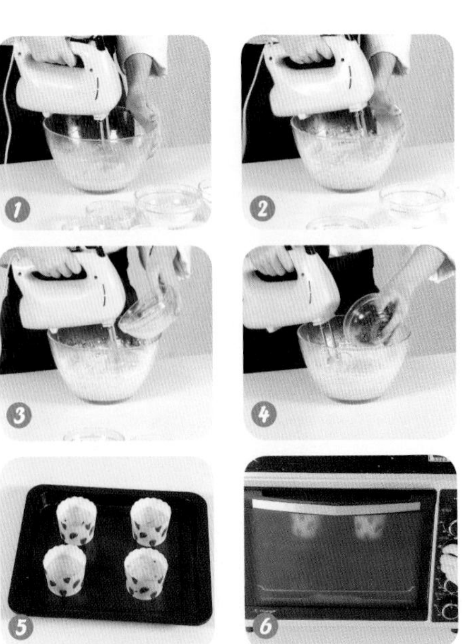

猕猴桃巧克力玛芬

难易度 ★☆☆☆☆

时间：15 分钟　烤制火候：上火 180℃，下火 160℃

原料

低筋面粉…100 克
泡打粉…3 克
可可粉…15 克
蛋白…30 克
细砂糖…80 克
色拉油…50 毫升
牛奶…65 毫升
猕猴桃果肉…适量

工具

玻璃碗…1 个
长柄刮板…1 个
电动搅拌器…1 个
烤箱…1 台
蛋糕纸杯…数个
烤盘…1 个

做法

1. 取一个玻璃碗，加入蛋白、细砂糖，用电动搅拌器打发。
2. 加入可可粉、泡打粉、低筋面粉，搅匀，淋入色拉油，边倒边搅匀。
3. 缓缓加入牛奶，不停搅拌，制成蛋糕浆。
4. 取数个蛋糕纸杯，用长柄刮板将拌好的蛋糕浆逐一刮入纸杯中，至六七分满。
5. 蛋糕纸杯中放入切成小块的猕猴桃果肉，再将纸杯放入烤盘，将烤盘放入烤箱中。
6. 烤箱温度调至上火 180℃、下火 160℃，烤 15 分钟至熟；取出烤盘，将烤好的蛋糕装盘即可。

咖啡提子玛芬

难易度☆☆☆☆☆

时间：20 分钟　烤制火候：上火 200℃，下火 200℃

原料

低筋面粉…150 克
酵母…3 克
咖啡粉…150 克
香草粉…10 克
牛奶…150 毫升
细砂糖…100 克
鸡蛋…2 个
色拉油…10 毫升
提子干…适量

工具

玻璃碗…1 个
长柄刮板…1 把
电动搅拌器…1 个
烤箱…1 台
蛋糕模具…1 个
蛋糕纸杯…数个

做法

1. 取一玻璃碗，倒入鸡蛋、细砂糖，用电动搅拌器搅匀。
2. 加入酵母、香草粉、咖啡粉，稍稍拌匀。
3. 倒入低筋面粉，充分搅匀，倒入色拉油，一边倒一边搅匀。
4. 缓缓倒入牛奶，不停搅拌，倒入提子干，拌匀，制成蛋糕浆。
5. 备好蛋糕模具，放入蛋糕纸杯，用长柄刮板将拌好的蛋糕浆逐一刮入纸杯中至七、八分满。
6. 将蛋糕模具放入烤箱中，以上火 200℃、下火 200℃烤 20 分钟至熟；取出蛋糕模具，将烤好的蛋糕脱模即可。

原味戚风蛋糕

难易度☆☆☆☆☆

时间：25 分钟　烤制火候：上火 180℃，下火 160℃

原料

蛋清…140 克
细砂糖…140 克
塔塔粉…2 克
蛋黄…60 克
水…30 毫升
食用油…30 毫升
低筋面粉…70 克
玉米淀粉…55 克
泡打粉…2 克

工具

玻璃碗…2 个
长柄刮板…1 把
电动搅拌器…1 个
烤箱…1 台
蛋糕模具…1 个

做法

1. 玻璃碗中加蛋黄、水、油、低筋面粉、玉米淀粉，搅拌均匀。
2. 再放入 30 克细砂糖、泡打粉拌匀。
3. 另取一个玻璃碗，加入蛋清、110 克细砂糖、塔塔粉，搅拌成鸡尾状。
4. 将两部分混合，搅拌搅匀。
5. 将面糊倒入模具中，至六分满。
6. 将模具放入预热好的烤箱，烤箱温度调至上火 180℃，下火 160℃，烤 25 分钟后取出蛋糕即可。

POINT

面包变成金褐色，外形饱满，轻拍时听起来是中空的，则说明面包已经烤好了。

黑玛莉巧克力蛋糕

难易度 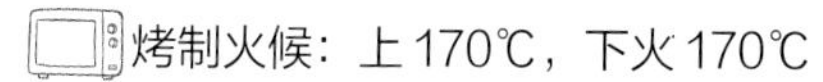

时间：30 分钟　烤制火候：上 170℃，下火 170℃

原料

蛋糕体：黄油 100 克，细砂糖 130 克，热水 50 毫升，可可粉 18 克，鲜奶油 65 克，低筋面粉 95 克，食粉 2 克，肉桂粉 1 克，盐 1 克，香草粉 2 克，蛋黄 15 克

蛋白部分：蛋白 40 克，细砂糖 20 克

装饰：糖粉适量

工具

电动搅拌器…1 个
长柄刮板…1 个
筛网…1 个
圆形模具…1 个
烤箱…1 台
玻璃碗…2 个

做法

1. 将细砂糖倒入玻璃碗中，加入黄油，用电动搅拌器搅匀。
2. 加入热水、可可粉、肉桂粉，用电动搅拌器快速搅拌均匀。
3. 加入鲜奶油，拌匀打发，倒入食粉、香草粉、盐、低筋面粉，用长柄刮板搅拌成糊状。
4. 加入蛋黄搅拌成纯面浆，即成蛋糕体。
5. 取一个玻璃碗，倒入蛋白、细砂糖，用电动搅拌器快速搅拌，打发成鸡尾状。
6. 把打发好的蛋白加入到面浆里，用长柄刮板搅匀，制成纯滑的蛋糕浆。
7. 把蛋糕浆装入圆形模具中，装约六分满，制成生坯。
8. 将生坯放入预热好的烤箱里，以上、下火均 170℃的温度烤 30 分钟后；取出，将蛋糕脱模后装在盘子里，将糖粉过筛至蛋糕上。

红豆戚风蛋糕

难易度☆☆☆☆☆

时间：20 分钟 烤制火候：上火 180℃，下火 160℃

原料

打发的植物鲜奶油、红豆粒、透明果胶、椰丝各适量

蛋黄部分：蛋黄 5 个，清水 70 毫升，细砂糖 28 克，低筋面粉 70 克，玉米淀粉 55 克，泡打粉 2 克，色拉油 55 毫升

蛋白部分：蛋白 5 个，细砂糖 97 克，塔塔粉 3 克

工具

电动搅拌器…1 个
搅拌器…1 个
筛网…1 个
蛋糕刀…1 把
木棍…1 根
刷子…1 把
烤箱…1 台
玻璃碗…2 个
烘焙纸…2 张

POINT

卷好的蛋糕可以轻轻地压一下，以免其散开。

步骤

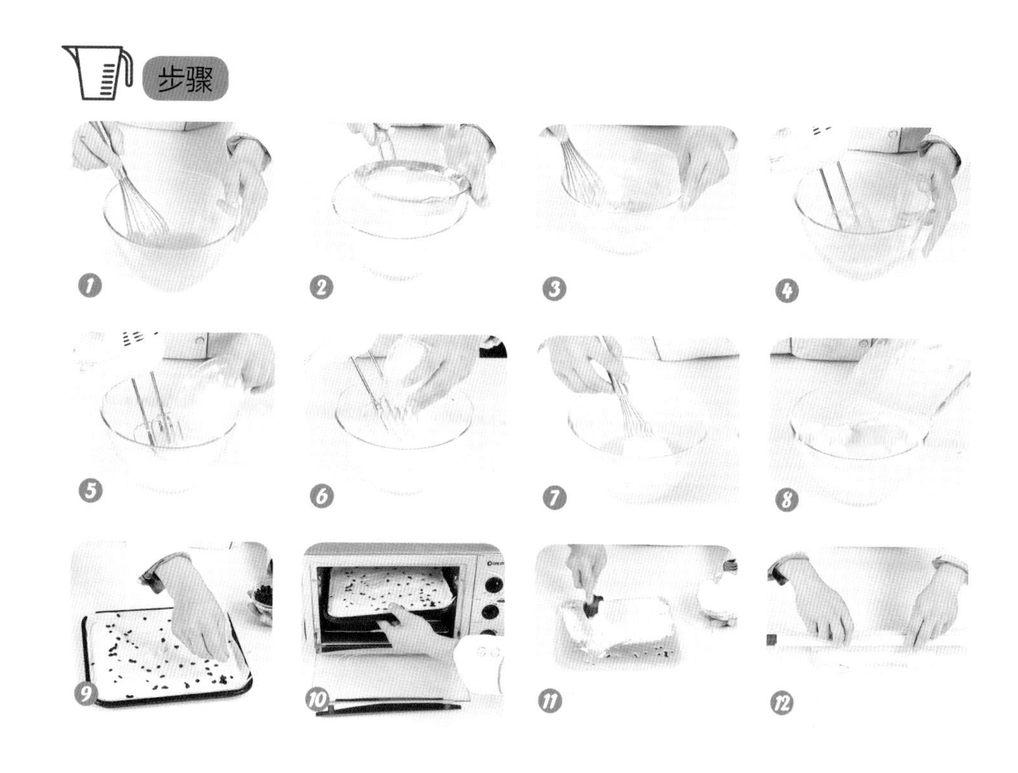

做法

1. 蛋黄、色拉油倒入玻璃碗中，搅拌均匀。
2. 用筛网将低筋面粉、玉米淀粉、泡打粉筛至碗中，用搅拌器拌匀。
3. 将清水、细砂糖加入碗中拌匀。
4. 蛋白倒入另一个玻璃碗中，用电动搅拌器打至起泡。
5. 倒入 97 克细砂糖，快速打发。
6. 加入塔塔粉快速打发至呈鸡尾状。
7. 取一部分蛋白倒入搅拌好的蛋黄中拌匀。
8. 再将搅拌好的蛋黄加入蛋白中，拌匀。
9. 倒入铺好蛋糕纸的烤盘中，撒上红豆粒。
10. 将烤盘放入烤箱，以上火 180℃、下火 160℃烤 20 分钟。
11. 取出烤盘，取出烤好的蛋糕，将蛋糕翻面，放在烘焙纸上，撕去上面的烘焙纸；再将蛋糕翻面，抹上打发的植物鲜奶油。
12. 把烘焙纸的一端往上提，用木棍轻轻地往外卷起来，将蛋糕卷成蛋卷；切除两端不平整的地方，再切成三等份，刷上透明果胶，粘上椰丝，将蛋糕装盘。

可可戚风蛋糕

难易度☆☆☆☆☆

时间：20 分钟　烤制火候：上火 180℃，下火 160℃

POINT

蛋糊中加入粉类时要用慢速搅拌匀，否则易起筋和消泡。

原料

打发的鲜奶油…40克

蛋黄部分：蛋黄3个，色拉油30毫升，低筋面粉60克，玉米淀粉50克，泡打粉2克，细砂糖30克，清水30毫升，可可粉15克

蛋白部分：细砂糖95克，蛋白3个，塔塔粉2克

工具

电动搅拌器…1个
搅拌器…1个
木棍…1根
蛋糕刀…1把
长柄刮板…1个
烘焙纸…2张
烤箱…1台
玻璃碗…2个
烤盘…1个

步骤

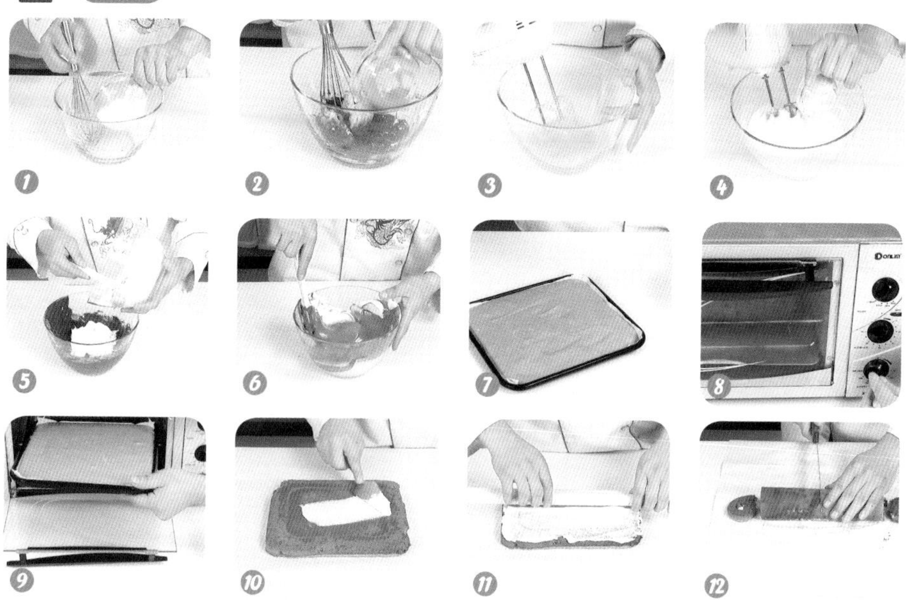

做法

1. 将清水、细砂糖、低筋面粉、玉米淀粉倒入玻璃碗，用搅拌器拌匀。
2. 加色拉油、泡打粉、可可粉搅匀，加蛋黄搅拌成糊状即成蛋黄部分。
3. 将蛋白装入另一个玻璃碗，用电动搅拌器打发，放入细砂糖，搅拌匀。
4. 加入塔塔粉，快速打发至鸡尾状。
5. 用长柄刮板将一半的蛋白倒入蛋黄的碗中拌匀。
6. 倒入剩余的蛋白中拌匀。
7. 再倒入铺有烘焙纸的烤盘中抹匀。
8. 将烤盘放入烤箱，以上火180℃、下火160℃烤20分钟。
9. 取出蛋糕，翻转过来倒在烘焙纸上。
10. 去除烘焙纸，均匀地抹上打发的鲜奶油。
11. 用木棍将烘焙纸卷起，卷成圆筒状。
12. 切除边角，再将蛋糕切四等份即可。

巧克力毛巾卷

难易度☆☆☆☆☆

时间：20 分钟 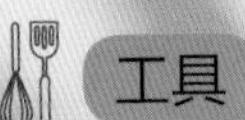烤制火候：上火 160℃，下火 160℃

原料

蛋黄部分 A：蛋黄 30 克，水 30 毫升，色拉油 25 毫升，低筋面粉 25 克，可可粉 10 克，淀粉 5 克

蛋白部分 A：蛋白 70 克，细砂糖 30 克，塔塔粉 2 克

蛋黄部分 B：蛋黄 45 克，水 65 毫升，色拉油 55 毫升，低筋面粉 50 克，吉士粉 10 克，淀粉 10 克

蛋白部分 B：蛋白 100 克，细砂糖 30 克，塔塔粉 2 克

工具

手动打蛋器…1 个
电动搅拌器…1 个
长柄刮板…1 个
木棍…1 根
蛋糕刀…1 把
烤箱…1 台
烘焙油纸…1 张
白纸…1 张
玻璃碗…4 只
烤盘…1 个

POINT

1. 将低筋面粉先过筛，可使蛋糕口感更佳。
2. 制作此款蛋糕的时候，要使用无味的植物油，不可以使用花生油、橄榄油这类味道重的油，否则油脂的特殊味道会破坏戚风清淡的口感。

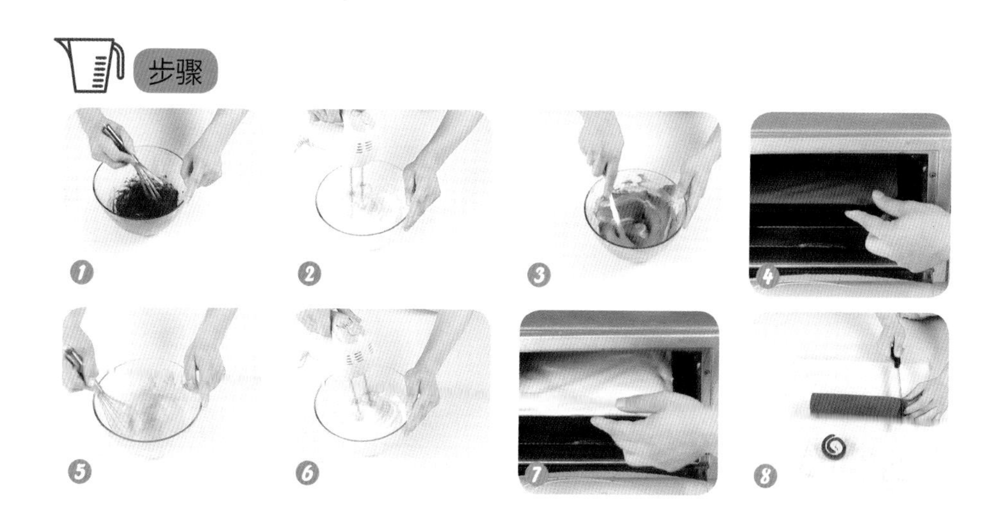

1. 将 25 毫升色拉油倒入玻璃碗中，加入 30 毫升清水、25 克低筋面粉、可可粉、5 克玉米淀粉，用手动打蛋器搅匀，加入 30 克蛋黄，搅拌均匀，制成蛋黄部分 A。
2. 将 70 克蛋白倒入玻璃碗中，加入细砂糖和塔塔粉打发，制成蛋白部分 A。
3. 将蛋白部分 A 倒入蛋黄部分 A 中拌匀，制成蛋糕浆，倒入铺有烘焙油纸的烤盘里，拌匀。
4. 将装有可可粉蛋糕浆的烤盘放入预热好的烤箱里，以上、下火各 160℃的温度烤 10 分钟，取出待用。
5. 将 10 克玉米淀粉倒入玻璃碗中，加入吉士粉、50 克低筋面粉、55 毫升色拉油、65 毫升清水，用电动搅拌器快速搅匀，加入 45 克蛋黄，搅拌均匀，制成蛋黄部分 B。
6. 将 100 克蛋白倒入玻璃碗中，加入细砂糖和塔塔粉打发，制成蛋白部分 B。
7. 把打发好的蛋白部分 B 放入蛋黄部分 B 里，搅成蛋糕浆，倒在烤好的可可粉蛋糕上，用长柄刮板抹匀，放入预热好的烤箱中，以上、下火各 160℃的温度烤 10 分钟至熟。
8. 取出蛋糕倒扣，撕去巧克力蛋糕的烘焙油纸，将整个蛋糕翻面，用木棍卷起白纸，将蛋糕卷成卷，用蛋糕刀切成段。

咖啡戚风蛋糕

难易度★☆☆☆☆

时间：25 分钟

烤制火候：上火 180℃，下火 160℃

原料

蛋白…120 克
细砂糖…140 克
塔塔粉…3 克
蛋黄…60 克
低筋面粉…70 克
玉米淀粉…55 克
泡打粉…2 克
水…30 毫升
色拉油…30 毫升
咖啡粉…10 克

工具

电动搅拌器…1 个
长柄刮板…1 个
搅拌器…1 个
圆形模具…1 个
小刀…1 把
烤箱…1 台
玻璃碗…2 个

做法

1. 取一个玻璃碗，倒入蛋黄、低筋面粉、玉米淀粉、泡打粉，用搅拌器打发均匀，再慢慢倒入色拉油，边倒边搅拌均匀。
2. 加入细砂糖、水、咖啡粉，持续搅拌，使食材均匀，再加入塔塔粉搅拌均匀，打发至鸡尾状。
3. 另取一个玻璃碗，加入蛋白、细砂糖，用电动搅拌器打发至鸡尾状。
4. 将拌好的蛋白取一部分倒入蛋黄中，用长柄刮板搅拌均匀，再将剩余的蛋白倒入蛋黄碗里，搅拌片刻使食材均匀。
5. 将面糊倒入圆形模具中，倒至八分满，将模具放入预热好的烤箱内，以上火180℃、下火 160℃，烤 25 分钟，取出。
6. 用小刀沿着模具边沿戳，将模具同蛋糕分离开，手托住底部向上推，将模具去除，再用小刀轻轻地将底部同蛋糕体分离，将脱好模的蛋糕放入盘中即可。

栗子蛋糕

难易度☆☆☆☆☆

时间：20 分钟　烤制火候：上火 180℃，下火 160℃

原料

蛋白 140 克，细砂糖 140 克，塔塔粉 3 克，蛋黄 70 克，低筋面粉 70 克，玉米淀粉 55 克，清水 30 毫升，色拉油 30 毫升，泡打粉 2 克，栗子馅适量，香橙果酱适量

工具

长柄刮板 1 个，手动打蛋器 1 个，电动搅拌器 1 个，剪刀 1 把，蛋糕刀 1 把，裱花袋 1 个，烘焙油纸 2 张，烤箱 1 台，木棍 1 根，抹刀 1 把，玻璃碗 2 只，烤盘 1 个

做法

1. 将蛋黄、30 克细砂糖倒入玻璃碗中，加入低筋面粉、玉米淀粉、泡打粉，再加入清水、色拉油，用手动打蛋器搅拌均匀，制成蛋黄部分，待用。
2. 倒入蛋白、110 克细砂糖、塔塔粉，用电动搅拌器打发至鸡尾状，制成蛋白部分。
3. 用长柄刮板将蛋白部分刮入蛋黄部分中，搅拌均匀，倒入垫有烘焙油纸的烤盘中，约至八分满，铺平待用。
4. 将烤盘放入烤箱中，以上火 180℃、下火 160℃的温度，烤约 20 分钟至熟，取出。
5. 倒扣在一张铺开的烘焙油纸上，撕下上层的烘焙纸，将蛋糕翻面摆好，用抹刀将香橙果酱均匀地抹在蛋糕上，用一根木棍放到蛋糕一端，慢慢卷起，制成卷状。
6. 把栗子馅放进裱花袋，挤压均匀；蛋糕成型后，用蛋糕刀切去两端，将栗子馅挤在蛋糕上，再用蛋糕刀将蛋糕切开装盘即可。

POINT

1. 入烤箱之前将蛋糕生坯静置几分钟，可使蛋糕表面更光滑。
2. 烤制的过程中尽量不要开烤箱门，以免影响蛋糕口味。

北海道戚风蛋糕

难易度☆☆☆☆☆

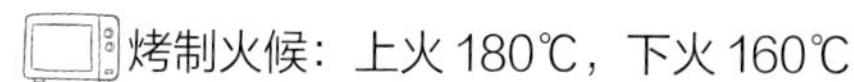

时间：15 分钟　烤制火候：上火 180℃，下火 160℃

原料

低筋面粉…85 克
泡打粉…2 克
细砂糖…145 克
色拉油…40 毫升
蛋黄…75 克
牛奶…180 毫升
蛋白…150 克
塔塔粉…2 克
鸡蛋…60 克
玉米淀粉…7 克
淡奶油…100 克
黄油…80 克

工具

长柄刮板…1 个
手动打蛋器…1 个
电动搅拌器…1 个
勺子…1 个
剪刀…1 把
裱花袋…1 个
蛋糕纸杯 6 个
烤箱…1 台
玻璃碗…3 个
烤盘…1 个

做法

1. 将 25 克细砂糖、蛋黄倒入玻璃碗中，用手动打蛋器搅拌均匀，加入 75 克低筋面粉、泡打粉拌匀，倒入 30 毫升牛奶拌匀，倒入色拉油拌匀，待用。
2. 再准备一个玻璃碗，加入 90 克细砂糖、蛋白、塔塔粉，拌匀之后将食材刮入前面的容器中，搅拌均匀。
3. 另备一个玻璃碗，倒入鸡蛋、30 克细砂糖，用电动搅拌器打发起泡，加入 10 克低筋面粉、玉米淀粉，倒入黄油、淡奶油、150 毫升牛奶，拌匀制成馅料，待用。
4. 将拌好的食材用勺子装入蛋糕纸杯中，约至六分满即可。
5. 将蛋糕纸杯放入烤盘中，再将烤盘放入烤箱中。
6. 关上烤箱门，以上火 180℃、下火 160℃的温度烤约 15 分钟至熟，取出烤盘。
7. 将拌好的馅料装入裱花袋中，压匀后用剪刀将裱花袋尖部剪去约 1 厘米。
8. 把馅料挤在蛋糕表面，把做好的蛋糕装盘即可。

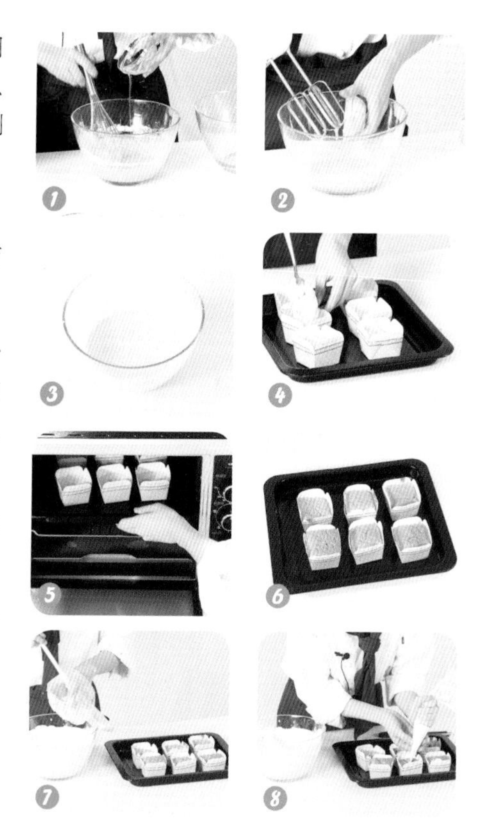

POINT

倒入的蛋糕浆不能太满，否则烘烤时会溢出模具，影响美观。

红茶海绵蛋糕

难易度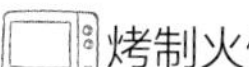

时间：40 分钟　烤制火候：上火 170℃，下火 170℃

原料

鸡蛋…450 克　低筋面粉…190 克
细砂糖…230 克　红茶末…10 克
色拉油…70 毫升　纯牛奶…70 毫升

工具

电动搅拌器…1 个　玻璃碗…2 个
蛋糕模具…1 个　烤箱…1 台

做法

1. 将鸡蛋、细砂糖倒入玻璃碗，用电动搅拌器快速拌匀至起泡；另取玻璃碗，倒入低筋面粉和红茶末，混合匀。
2. 将混合好的材料倒入前面的玻璃碗中，先手动搅拌一会儿，再开启电动搅拌器拌匀。
3. 一边倒入纯牛奶，一边快速搅拌均匀。
4. 缓缓倒入色拉油，搅拌均匀，制成蛋糕浆。
5. 在蛋糕模具中倒入蛋糕浆，至五分满即可。
6. 把烤箱温度调为上火 170℃、下火 170℃，预热一会儿。
7. 将模具放入预热好的烤箱，烤 20 分钟至熟，取出模具。
8. 轻轻地将模具底部往上推，使其脱模，把蛋糕装盘即可。

巧克力海绵蛋糕

难易度☆☆☆☆☆

时间：20 分钟　烤制火候：上火 170℃，下火 170℃

原料

鸡蛋…335 克
细砂糖…155 克
低筋面粉…125 克
食粉…2.5 克
纯牛奶…50 毫升
色拉油…28 毫升
可可粉…50 克

工具

长柄刮板…1 个
电动搅拌器…1 个
蛋糕刀…1 把
烤箱…1 台
烘焙纸…2 张
玻璃碗…1 个
烤盘…1 个

做法

1. 将鸡蛋、细砂糖倒入大碗中，用电动搅拌器快速搅拌匀，制成蛋液。
2. 在低筋面粉中倒入食粉、可可粉，将混合好的材料倒入蛋液中，快速搅拌匀。
3. 倒入纯牛奶，并搅拌匀。
4. 加入色拉油，快速搅拌均匀，制成蛋糕浆；在烤盘铺一张烘焙纸，倒入蛋糕浆，抹匀，将烤盘放入烤箱，以上火 170℃、下火 170℃烤 20 分钟至熟，取出烤盘。
5. 在案台上铺一张白纸，将烤盘倒扣在白纸一端，撕去粘在蛋糕底部的烘焙纸。
6. 把白纸另一端盖住蛋糕，将其翻面，用蛋糕刀将蛋糕切成三角形，把切好的蛋糕装入盘中即成。

那提巧克力

难易度☆☆☆☆☆

时间：15 分钟　烤制火候：上火 170℃，下火 170℃

原料

鸡蛋…216 克
细砂糖…86 克
香草粉…2 克
中筋面粉…80 克
蛋糕油…12 克
可可粉…17 克
苏打粉…2 克
清水…56 毫升
色拉油…42 毫升

工具

玻璃碗…1 个
烤盘…1 个
电动搅拌器…1 个
长柄刮板…1 个
筛网…1 个
木棍…1 根
蛋糕刀…1 把
烤箱…1 台
烘焙油纸…2 张

做法

1. 把鸡蛋倒入玻璃碗中，放入细砂糖，用电动搅拌器搅拌匀。
2. 加入中筋面粉、可可粉、苏打粉、香草粉、蛋糕油，倒入清水，加入色拉油，搅匀。
3. 在烤盘铺一张烘焙油纸，倒入搅拌好的材料，用长柄刮板抹平。
4. 将烤盘放入烤箱中，以上、下火各 170℃的温度烤 15 分钟至熟。
5. 取出烤盘，将蛋糕扣在另一张烘焙油纸上，撕去蛋糕底部的烘焙油纸。
6. 用木棍将蛋糕卷成卷，再用蛋糕刀切成均匀的四段，筛上可可粉，装盘即可。

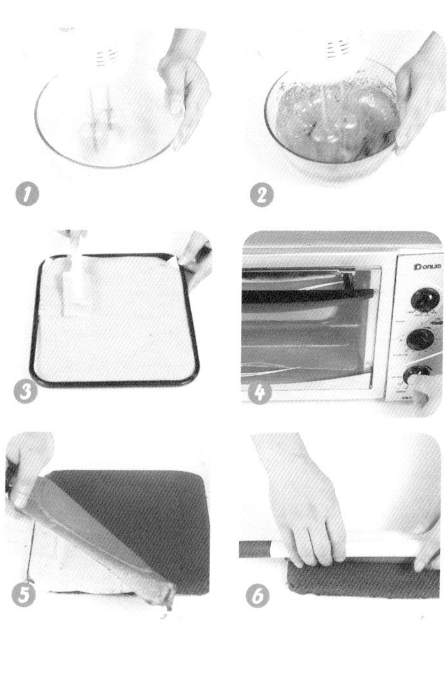

蜂蜜千层糕

难易度 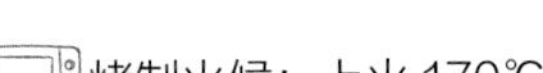

时间：30 分钟　烤制火候：上火 170℃，下火 170℃

原料

鸡蛋…240 克
细砂糖…100 克
盐…2 克
低筋面粉…100 克
香草粉…3 克
泡打粉…2 克
蛋糕油…10 克
蜂蜜…10 克
色拉油…5 毫升
清水…5 毫升

工具

玻璃碗…1 个
电动搅拌器…1 个
长柄刮板…1 个
烘焙油纸…2 张
蛋糕刀…1 把
烤箱…1 台
烤盘…1 个

做法

1. 把鸡蛋倒入玻璃碗中，加入细砂糖、盐，用电动搅拌器快速搅匀；加入低筋面粉、泡打粉、香草粉、蛋糕油、蜂蜜，搅拌均匀。
2. 倒入清水搅匀，加入色拉油搅匀，搅成纯滑的面浆。
3. 烤盘垫烘焙油纸，倒入适量面浆，用长柄刮板涂抹均匀、平整，放入预热好的烤箱里，上下火均调为 170℃，烤 10 分钟后取出。
4. 蛋糕面上再铺上一层面浆，放回烤箱，上下火调为 170℃，烤 10 分钟后取出，再铺上一层面浆，放回烤箱，上、下火温度均调为 170℃，再烤 10 分钟，做成千层糕。
5. 把千层糕取出倒扣在案台上的烘焙油纸上，撕去底部的烘焙油纸。
6. 用蛋糕刀将千层糕边缘切平整，再切成三角块即可。

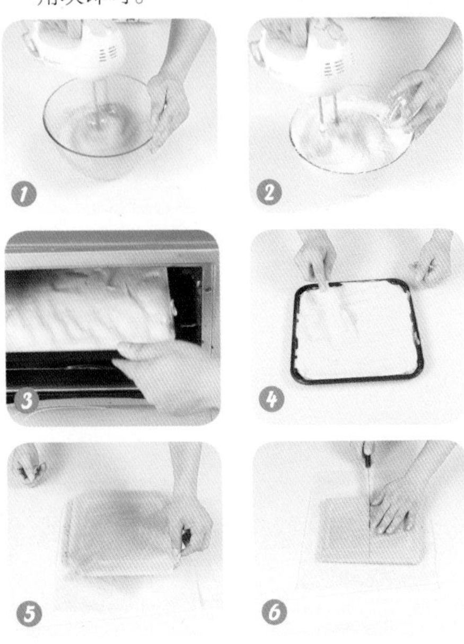

抹茶蜂蜜蛋糕

难易度☆☆☆☆☆

时间：20 分钟 烤制火候：上火 170℃，下火 170℃

原料

鸡蛋 160 克，蛋糕油 10 克，细砂糖 100 克，高筋面粉 35 克，低筋面粉 65 克，抹茶粉 5 克，牛奶 40 毫升，蜂蜜 10 克

工具

玻璃碗…1 只
蛋糕刀…1 把
烤盘…1 个
烤箱…1 台
电动搅拌器…1 个
烘焙油纸…2 张
长柄刮板…1 个

做法

1. 取一个玻璃碗，倒入细砂糖、鸡蛋，用电动搅拌器搅拌至起泡，倒入高筋面粉、低筋面粉、抹茶粉，充分搅拌均匀。
2. 分次加入蛋糕油，边倒入边搅拌，再分次加入牛奶、蜂蜜，搅匀制成面糊。
3. 烤盘上铺上烘焙油纸，将拌好的面糊倒入烤盘，用长柄刮板铺开，刮平。
4. 将烤盘放入预热好的烤箱内，上、下火温度均调为 170℃，时间定为 20 分钟至熟。
5. 取出烤盘放凉，用长柄刮板将蛋糕同烤盘分离，将蛋糕倒扣在另一张烘焙油纸上，清除底部的烘焙油纸。
6. 用蛋糕刀将蛋糕四周切整齐，装盘即可。

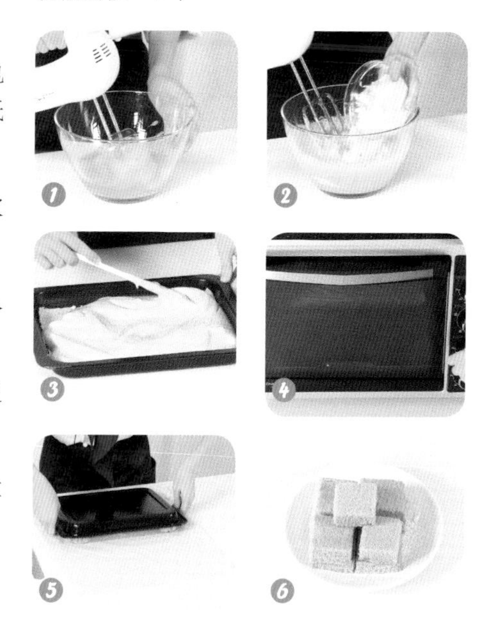

POINT

1. 电动搅拌器要选择中档的，这样打发蛋白的效果会更好。
2. 如果是活底的蛋糕模具，需要把底部用锡纸包起来，防止水浴烤的时候底部进水。

轻乳酪蛋糕

难易度★★☆☆☆

时间：40 分钟 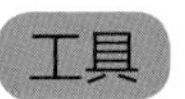烤制火候：上火 180℃，下火 160℃

原料

芝士…200 克
牛奶…100 毫升
黄油…60 克
玉米淀粉…20 克
低筋面粉…25 克
蛋黄…75 克
蛋白…75 克
细砂糖…110 克
塔塔粉…3 克
清水…适量

工具

手动打蛋器…1 个
椭圆形模具…1 个
电动搅拌器…1 个
烤箱…1 台
奶锅…1 口
玻璃碗…1 个
烤盘…1 个
盘子…1 个

做法

1. 将奶锅置火上，倒入牛奶和黄油拌匀。
2. 放入芝士，开小火，用手动打蛋器拌匀，略煮，至材料完全融合。
3. 关火待凉后倒入玉米淀粉、低筋面粉和蛋黄，搅拌匀，制成蛋黄奶油待用。
4. 取一个玻璃碗，倒入蛋白、细砂糖，撒上塔塔粉，用电动搅拌器快速搅拌，至蛋白九分发。
5. 倒入备好的蛋黄奶油，搅拌均匀，使材料完全融合。
6. 把拌好的材料注入模具中，至八九分满，即成蛋糕生坯，待用。
7. 将一碗清水倒入烤盘中，再将生坯放在烤盘中，将烤盘推入预热的烤箱中，以上火 180℃、下火 160℃的温度烤约 40 分钟，至生坯熟透。
8. 断电后取出烤盘，将成品放凉后脱模，摆放在盘中即成。

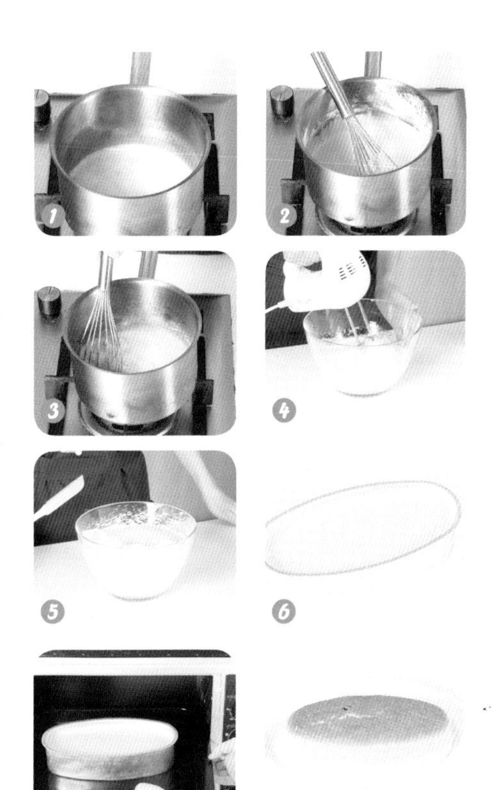

重芝士蛋糕

难易度 ☆☆☆☆☆

时间：15 分钟　烤制火候：上火 160℃，下火 160℃

原料

蛋糕底部分：黄油 20 克，手指饼干 40 克

蛋糕浆部分：芝士 210 克，细砂糖 20 克，植物鲜奶油 60 克，蛋黄 1 个，全蛋 1 个，牛奶 30 毫升

装饰：焦糖适量

工具

圆形模具…1 个
电动搅拌器…1 个
裱花袋…1 个
勺子…1 把
剪刀…1 把
烤箱…1 台
筷子…1 根
玻璃碗…2 个

POINT

黄油通常放置在冰箱中，质地比较硬，应提前半小时将其取出，待变得较软后使用。

步骤

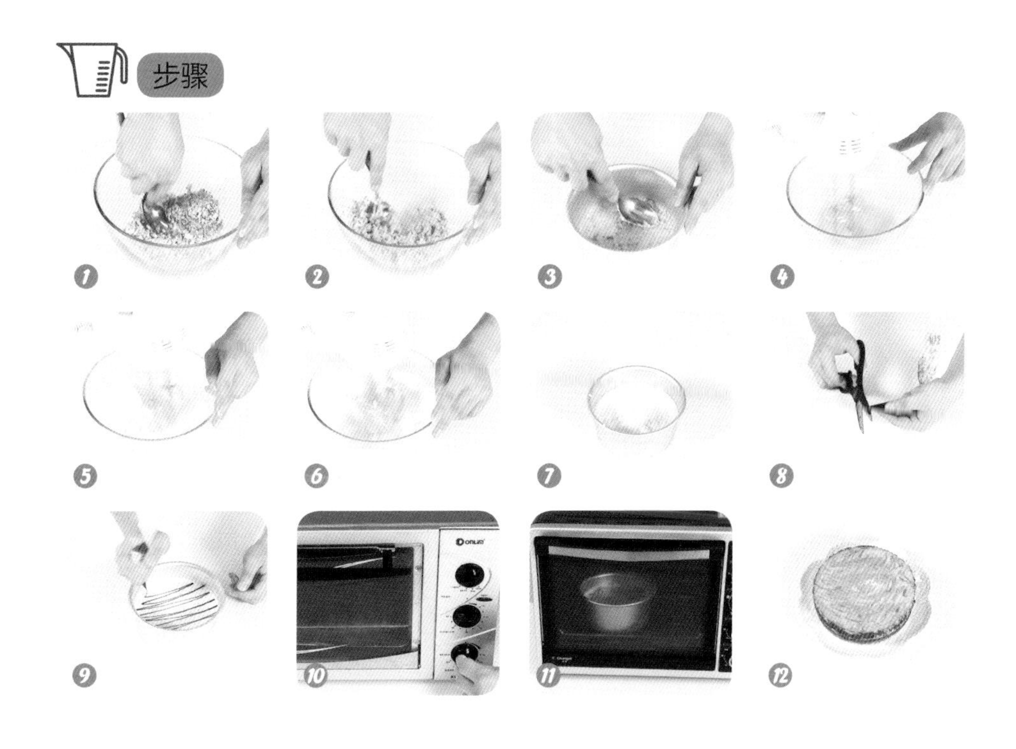

做法

1. 把手指饼干倒入玻璃碗中，捣碎。
2. 加入黄油，搅拌均匀。
3. 把黄油饼干糊装入圆形模具中，用勺子压实、压平。
4. 把细砂糖倒入玻璃碗中，加入全蛋、蛋黄，用电动搅拌机快速搅匀。
5. 加入植物鲜奶油，搅匀。
6. 倒入芝士、牛奶，快速搅拌成蛋糕浆。
7. 把蛋糕浆倒入铺好黄油饼干糊的圆形模具内。
8. 将适量焦糖装入裱花袋中，用剪刀在底部剪开一小口。
9. 把焦糖挤在蛋糕浆面上，再用筷子划出花纹。
10. 将烤箱上、下火调至160℃，预热5分钟。
11. 打开烤箱门，放入蛋糕生坯，关上烤箱门，烘烤15分钟至熟。
12. 戴上隔热手套，打开烤箱门，取出烤好的蛋糕，蛋糕脱模后装盘即可。

舒芙蕾芝士蛋糕

难易度☆☆☆☆☆

时间：15 分钟　烤制火候：上火 160℃，下火 160℃

原料

芝士…200 克
黄油…45 克
蛋黄…60 克
细砂糖…75 克
玉米淀粉…10 克
蛋清…95 克
牛奶…150 毫升

工具

电动搅拌器…1 个
手动打蛋器…1 个
长柄刮板…1 个
烤箱…1 台
圆形模具…1 个
奶锅…1 口
玻璃碗…1 个

做法

1. 牛奶放入奶锅中，加入黄油，用手动打蛋器拌匀，煮至融合。
2. 加入细砂糖 55 克，搅拌至溶化，加入芝士，将其搅拌均匀，煮至溶化。
3. 玉米淀粉加入锅中搅匀，放入蛋黄拌匀，制成蛋糕糊。
4. 玻璃碗中倒入蛋清，加入剩余细砂糖，用电动搅拌器快速搅拌均匀，打发至鸡尾状。
5. 蛋糕糊加入蛋清中，用长柄刮板拌匀，制成蛋糕浆，倒入圆形模具中。
6. 预热烤箱，温度调至上、下火 160℃，将模具放入预热好的烤箱中，烤 15 分钟至熟；取出模具，将蛋糕脱模，装盘即可。

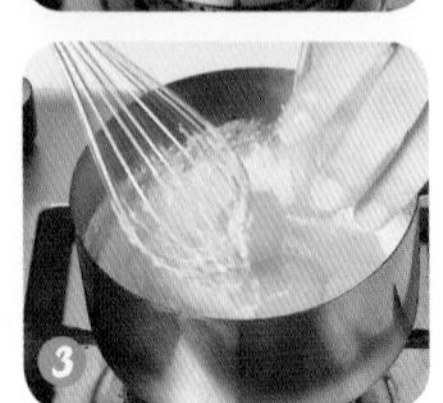

柠檬冻芝士蛋糕

难易度 ★☆☆☆☆

冷冻时间：120 分钟　冷冻温度：-18℃

原料

饼干…90 克
黄油…50 克
芝士…200 克
植物鲜奶油…100 克
酸奶…100 毫升
牛奶…80 毫升
吉利丁片…3 片
柠檬汁…20 毫升
细砂糖…45 克
清水…适量

工具

手动打蛋器…1 个
擀面杖…1 根
圆形模具…1 个
奶锅…1 口
勺子…1 把
玻璃碗…1 只
盘子…1 个

做法

1. 把饼干装入玻璃碗中，用擀面杖捣碎，加入黄油，搅拌均匀，装入圆形模具中，用勺子压实、压平待用。
2. 吉利丁片放入清水中浸泡 2 分钟。
3. 奶锅中倒入酸奶，加入牛奶，倒入细砂糖，加入柠檬汁，放入吉利丁片，用手动打蛋器搅拌至溶化。
4. 倒入植物鲜奶油搅匀，倒入芝士，搅拌均匀，制成蛋糕浆。
5. 将蛋糕浆倒在饼干糊上，将其冷冻 2 小时，定型后取出。
6. 将取出的芝士蛋糕脱模，装盘即可。

布朗尼芝士蛋糕

难易度☆☆☆☆☆

时间：20 分钟　　烤制火候：上火 160℃，下火 160℃

原料

布朗尼蛋糕体部分：黄油 50 克，黑巧克力 50 克，白糖 50 克，鸡蛋 40 克，牛奶 20 毫升，低筋面粉 50 克

芝士蛋糕体部分：芝士 210 克，白糖 40 克，鸡蛋 60 克，牛奶 60 毫升

工具

玻璃碗…1 个
电动打蛋器…1 个
烤箱…1 台
圆形模具…1 个
玻璃碗…3 个

POINT

溶化黑巧克力时可以用小火慢慢加热，这样可以缩短材料溶化的时间。

步骤

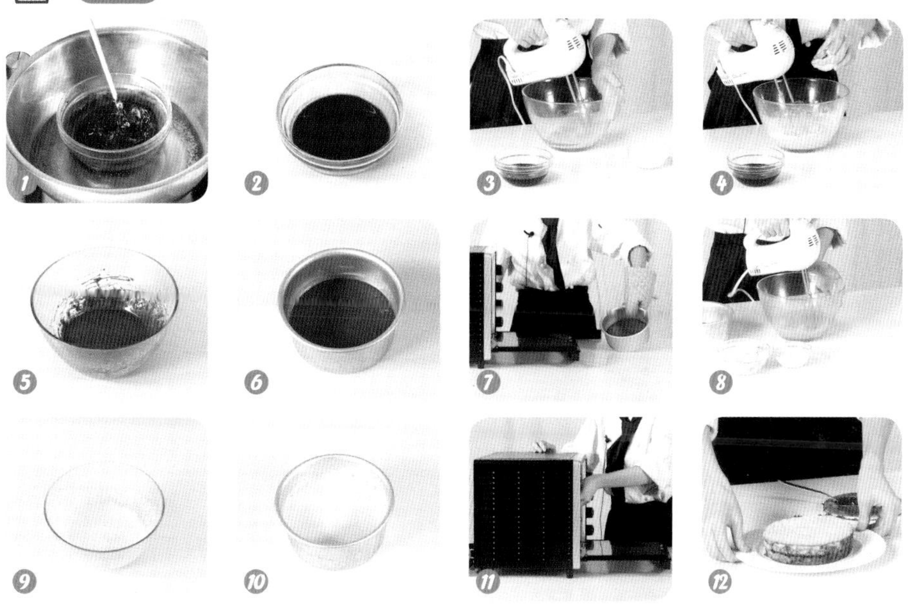

做法

1. 将黑巧克力、黄油都倒入玻璃碗内，置于热水中。
2. 慢慢地搅拌至材料溶化，制成巧克力液，待用。
3. 取玻璃碗，加白糖、鸡蛋，搅打一会儿。
4. 放入低筋面粉，搅拌匀，再注入牛奶，边倒边搅拌。
5. 最后倒入巧克力液，搅拌成面糊。
6. 倒入模具中，摊平，待用。
7. 将烤箱预热，放入模具，以上、下火均为 180℃的温度烤约 10 分钟，取出，放凉即成布朗尼蛋糕体。
8. 将白糖、鸡蛋倒入容器中，搅拌匀。
9. 放入芝士，搅散，再倒入牛奶，边倒边搅拌，至材料充分融合，制成芝士糊，待用。
10. 取备好装有布朗尼蛋糕体的模具，倒入芝士糊，铺匀。
11. 烤箱预热，放入模具，关好烤箱门，以上、下火 160℃的温度烤约 20 分钟。
12. 最后取出模具，放凉后脱模即成。

巧克力芝士蛋糕

难易度☆☆☆☆☆

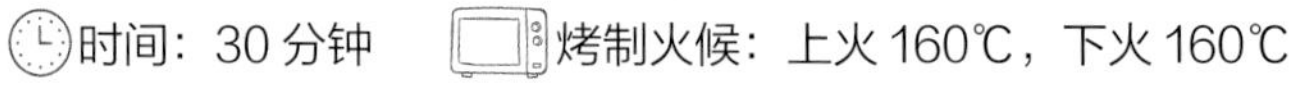

时间：30 分钟　烤制火候：上火 160℃，下火 160℃

原料

饼干…60 克
黄油…75 克
芝士…200 克
细砂糖…40 克
黑巧克力…60 克
鲜奶油…50 克
鸡蛋…60 克
白兰地…5 毫升
玉米淀粉…30 克

工具

奶锅…1 口
擀面杖…1 根
圆形模具…1 个
勺子…1 把
烤箱…1 台
隔热手套…1
玻璃碗…1 个
手动打蛋器…1 个

做法

1. 把饼干装入玻璃碗中，用擀面杖捣碎，加入 35 克黄油，搅拌均匀。
2. 把黄油饼干糊装入模具中压实、压平。
3. 把白兰地倒入奶锅中，加入鲜奶油、细砂糖、黑巧克力，用小火煮至溶化。
4. 放入黄油，倒入芝士，加入玉米淀粉，倒入鸡蛋，搅匀，制成蛋糕糊，倒入模具中的黄油饼干糊上，制成蛋糕生坯。
5. 将烤箱上、下火温度均调为 160℃，预热 5 分钟，放入蛋糕生坯，关上烤箱门，烘烤 30 分钟至熟。
6. 戴上隔热手套，取出蛋糕脱模即可。

巧克力慕斯蛋糕

难易度☆☆☆☆☆

冷冻 120 分钟

原料

牛奶…100 毫升
蛋黄…60 克
黑巧克力…150 克
植物鲜奶油…250 克
细砂糖…20 克
鱼胶粉…8 克
清水…30 毫升
饼干…90 克
黄油…15 克

工具

擀面杖…1 根
圆形模具…1 个
勺子…1 把
手动打蛋器…1 个
玻璃碗…1 个
奶锅…1 口

做法

1. 把饼干倒入玻璃碗中，用擀面杖捣碎，加入黄油，搅拌均匀。
2. 把黄油饼干糊装入圆形模具中，用勺子压实、压平。
3. 把清水倒入奶锅中，加入鱼胶粉、牛奶、细砂糖，用手动打蛋器搅匀，用小火煮至溶化。
4. 放入黑巧克力搅拌，煮至融化，加入植物鲜奶油拌匀，加入蛋黄拌匀，制成慕斯浆。
5. 把慕斯浆倒在模具里的饼干糊上，制成慕斯蛋糕生坯，放入冰箱，冷冻 2 小时。
6. 把冻好的慕斯蛋糕取出脱模，装盘即可。

POINT

切慕斯的时候，先把刀在火上烤一下，会切得更整齐。

草莓慕斯蛋糕

难易度☆☆☆☆☆

时间：120 分钟　温度：0~5℃

原料

蛋糕体部分： 低筋面粉 70 克，玉米淀粉 55 克，泡打粉 5 克，清水 70 毫升，色拉油 55 毫升，细砂糖 120 克，草莓 150 克，鸡蛋 4 个

慕斯浆部分： 吉利丁片 2 块，牛奶 250 毫升，鲜奶油 250 克，细砂糖 25 克，朗姆酒适量

工具

玻璃碗…2 个
筛网…1 个
长柄刮板…1 个
蛋糕模具…1 个
小刀…1 把
烘焙纸…1 张
烤箱…1 台
盘子…1 个

做法

1. 将蛋黄、蛋清分离，分别盛入碗中。
2. 低筋面粉、淀粉、2 克泡打粉过筛放到蛋黄中，倒入水、色拉油、30 克细砂糖拌匀。
3. 将 90 克细砂糖、3 克泡打粉和蛋清拌匀。用长柄刮板将蛋白与蛋黄部分搅成面糊。
4. 将面糊倒入模具中，再进烤箱中以上火 180℃、下火 160℃，烤 25 分钟。
5. 取出烤盘，去掉蛋糕皮，用刀平切成 3 块。取其中 2 块装入盘中。
6. 将剩下的 1 块蛋糕放入圆形模具中，草莓依次对半切开，沿着模具边缘摆上草莓。
7. 锅置火上，倒入牛奶、细砂糖拌匀。吉利丁片放水中煮化。将吉利丁、鲜奶油、朗姆酒混匀成浆。
8. 一半浆倒模具中，抹匀，放一块蛋糕，加剩余浆。蛋糕冷藏 2 小时，取出，脱模，装饰几颗草莓即可。

水蜜桃慕斯蛋糕

难易度☆☆☆☆☆

时间：冷藏 180 分钟　温度：100℃

原料

罐头水蜜桃果肉…100 克
酸奶…100 毫升
植物鲜奶油…100 克
细砂糖…10 克
鱼胶粉…13 克
清水…30 毫升
罐头水蜜桃汁…130 毫升
橙汁…50 毫升
饼干…80 克
黄油…45 克

工具

奶锅…1 口
擀面杖…1 根
圆形模具…1 个
手动打蛋器…1 个
勺子…1 把

做法

1. 把饼干用擀面杖捣碎，加入黄油，拌匀，装入圆形模具，用勺子压实、压平。
2. 将酸奶倒入奶锅中，加清水、细砂糖拌匀，加入 8 克鱼胶粉拌匀，用小火煮至溶化。
3. 再倒入植物鲜奶油拌匀，放入罐头水蜜桃果肉搅匀，制成慕斯浆。
4. 把慕斯浆倒入模具里的饼干糊上，制成蛋糕生坯，放入冰箱冷冻 2 小时至成型，将冻好的蛋糕取出。
5. 把水蜜桃汁倒入锅中，加入橙汁、5 克鱼胶粉拌匀，用小火煮溶化，制成果冻汁。
6. 将果冻汁倒在蛋糕上，放回冰箱冷冻 1 小时，把冻好的蛋糕取出脱模，装盘即可。

提拉米苏

难易度☆☆☆☆☆

时间：60 分钟　冰箱冷藏

原料

吉利丁片…10 克
植物鲜奶油…200 克
芝士…250 克
蛋黄…15 克
细砂糖…57 克
清水…50 毫升
手指饼干…适量
可可粉…适量

工具

手动打蛋器…1 个
保鲜袋…1 个
擀面杖…1 根
模具…4 个
筛网…1 个
奶锅…1 口
玻璃碗…1 只

做法

1. 奶锅置于灶上，倒入细砂糖、清水，开小火搅至溶化。
2. 取一个玻璃碗，注入适量的清水，放入吉利丁片泡软，将泡软的吉利丁片放入奶锅中，搅匀至完全溶化。
3. 再加入植物鲜奶油、芝士，搅拌片刻使食材完全溶化，关火，倒入备好的蛋黄，稍稍搅拌一会儿使食材充分混合。
4. 取一个保鲜袋撑开，将手指饼干装入，用擀面杖敲打至完全粉碎。
5. 将饼干碎均匀地铺在模具底部，倒入调好的芝士糊，搁置到变凉。
6. 将放凉后的蛋糕放入冰箱冷藏 1 小时后取出，将可可粉倒入筛网，均匀地筛在蛋糕上即可。

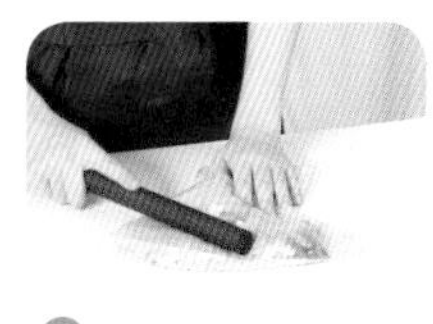

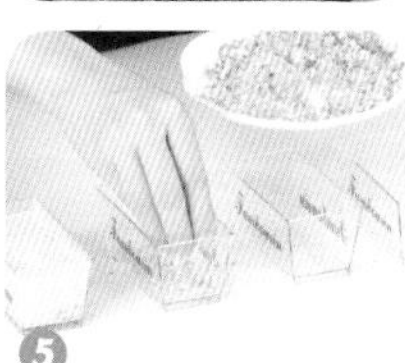

抹茶提拉米苏

难易度☆☆☆☆☆

时间：140 分钟　烤制火候：上火 170℃，下火 170℃

POINT

打蛋白时要顺一个方向搅拌，这样可避免破坏其营养。

原料

蛋白部分：蛋白 60 克，白糖 60 克，塔塔粉 1 克

蛋黄部分：盐 1.5 克，蛋黄 85 克，全蛋 60 克，色拉油 60 毫升，低筋面粉 80 克，奶粉 2 克，泡打粉 2 克

抹茶糊：蛋黄 25 克，白糖 40 克，水 40 毫升，抹茶粉 10 克，明胶粉 4 克，奶酪 200 克，牛奶 200 毫升

工具

搅拌器…1 个　烤箱…1 台
电动搅拌器…1 个　盆…1 个
圆形模具…1 个　玻璃碗…2 个
蛋糕刀…1 把

步骤

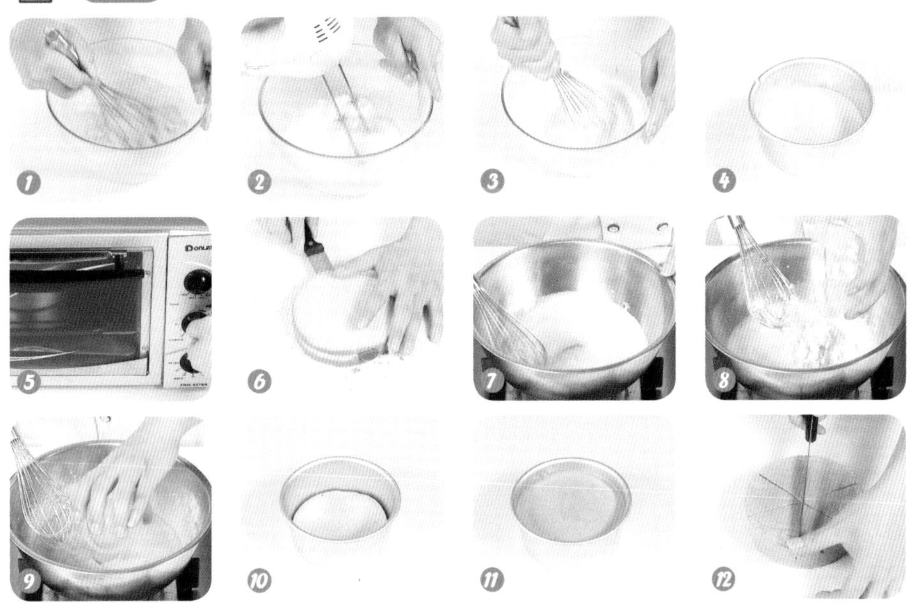

做法

1. 把色拉油倒入大碗中，加入蛋黄、全蛋、低筋面粉、奶粉、盐、泡打粉，搅匀。
2. 把蛋白倒入另一个大碗中，加入白糖，用电动搅拌器打发。
3. 加入塔塔粉，搅匀，把蛋白部分倒入蛋黄部分中，用搅拌器搅匀。
4. 把混合好的材料倒入模具中。
5. 将模具放入烤箱，以上火 170℃、下火 170℃烤 20 分钟至熟。
6. 取出烤好的蛋糕，脱模，切去顶部，将剩余部分平切成两份，备用。
7. 把水倒入盆中，加入白糖、牛奶，用搅拌器搅匀。
8. 放入明胶粉，搅匀，加入奶酪，搅匀，用小火煮溶化。
9. 放入抹茶粉，搅匀，加入蛋黄，搅匀。
10. 把一块蛋糕放入模具中。倒入适量抹茶糊，再放入一块蛋糕。
11. 再倒入适量的抹茶糊，放入冰箱冷冻 2 小时。
12. 取出成品，脱模，用蛋糕刀切成扇形块，装入盘中即可。

POINT

1. 模具内的黄油最好刷得均匀一些，这样脱模时会更方便。
2. 布朗尼在烤的过程中受热膨胀，会胀得比模具稍高，但出炉后会回落，此为正常现象。

浓情布朗尼

难易度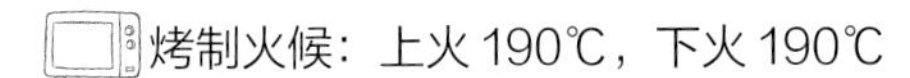

时间：25 分钟　烤制火候：上火 190℃，下火 190℃

原料

巧克力液…70 克
黄油…85 克
鸡蛋…60 克
高筋面粉…35 克
核桃碎…35 克
香草粉…2 克
细砂糖…70 克

工具

长方形模具…3 个
刷子…1 把
电动搅拌器…1 个
烤箱…1 台
玻璃碗…1 只
烤盘…1 个
盘子…1 个

做法

1. 将细砂糖、黄油倒入玻璃碗中，用电动搅拌器搅拌均匀。
2. 加入鸡蛋搅散，撒上香草粉拌匀，倒入高筋面粉拌匀。
3. 注入巧克力液拌匀，倒入核桃碎，匀速地搅拌一会儿，至材料充分融合，待用。
4. 取出备好的长方形模具，用刷子将内壁刷上一层黄油。
5. 再盛入拌好的材料，铺平、摊匀，至八分满，即成生坯。
6. 烤箱预热，放入生坯。
7. 关好烤箱门，以上、下火均为 190℃的温度烤约 25 分钟，至食材熟透。
8. 断电后取出烤好的成品，放凉后脱模，摆在盘中即可。

安格拉斯

难易度☆☆☆☆☆

时间：135 分钟　烤制火候：上火 170℃，下火 170℃

原料

蛋糕体：鸡蛋 225 克，白糖 125 克，低筋面粉 75 克，玉米淀粉 25 克，可可粉 25 克，黄奶油 50 克，牛奶 14 毫升

巧克力慕斯：牛奶 75 毫升，白糖 20 克，蛋黄 25 克，明胶粉 4 克，淡奶油 90 克，巧克力 50 克

工具

电动搅拌器…1 个
长柄刮板…1 个
搅拌器…1 个
圆饼状模具…1 个
玻璃碗…1 个
圆形模具…1 个
蛋糕刀…1 把
烤箱…1 台
烘焙纸…2 张
盆…1 个

POINT

脱模时可用电吹风吹热模具边缘，这样更易保持蛋糕的外形完整。

步骤

1 2 3 4 5 6 7 8 9 10 11 12

做法

1. 把鸡蛋倒入玻璃碗中，加入白糖，用电动搅拌器快速拌匀。

2. 放入低筋面粉、玉米淀粉、可可粉，搅拌均匀。

3. 加入牛奶，快速拌匀，倒入黄奶油，搅拌均匀。

4. 把搅拌匀的材料倒入铺有烘焙纸的烤盘中，用长柄刮板刮抹均匀。

5. 将烤盘放入烤箱中，以上火170℃、下火170℃烤15分钟至熟，取出烤好的蛋糕，备用。

6. 把牛奶倒入盆中，放入白糖，用搅拌器搅匀，用小火加热，倒入明胶粉，搅匀。

7. 倒入淡奶油，搅匀，加入蛋黄，搅匀，放入巧克力，搅匀。

8. 将蛋糕扣在烘焙纸上，撕去蛋糕上的烘焙纸。

9. 将圆饼状模具放在蛋糕上，切成两个圆饼状蛋糕体。

10. 将一片蛋糕体放入圆形模具中。

11. 倒入巧克力慕斯，再放入一片蛋糕体，倒入适量巧克力慕斯，放入冰箱冷冻2小时。

12. 取出成品，脱模，切成扇形块，装入盘中即可。

甜滋滋软乎乎的面包

面包正如你所见，如云朵般柔软，如果入口即化也能用来形容面包，那就非它莫属了。面包的美味，让人想起来就馋，喜欢吃面包，但是担心市售的面包添加剂过多、原料不可靠，怎么办？制作面包，不仅是为了马上享受到刚出炉的新鲜口感，更是为了体会烘焙的无穷乐趣。不如就从现在开始，自己动手做面包吧！

全麦吐司

难易度☆☆☆☆☆

时间：25 分钟　烤制火候：上火 190℃，下火 190℃

POINT

应选用优质奶油，这样才能使烤好的面包口感更佳。

原料

全麦面粉…250 克
高筋面粉…250 克
盐…5 克
酵母…5 克
细砂糖…100 克
水…200 毫升
鸡蛋…1 个
黄油…70 克
奶粉…20 克

工具

刮板…1 个
方形模具…1 个
刷子…1 把
擀面杖…1 根
烤箱…1 台
电子秤…1 台

步骤

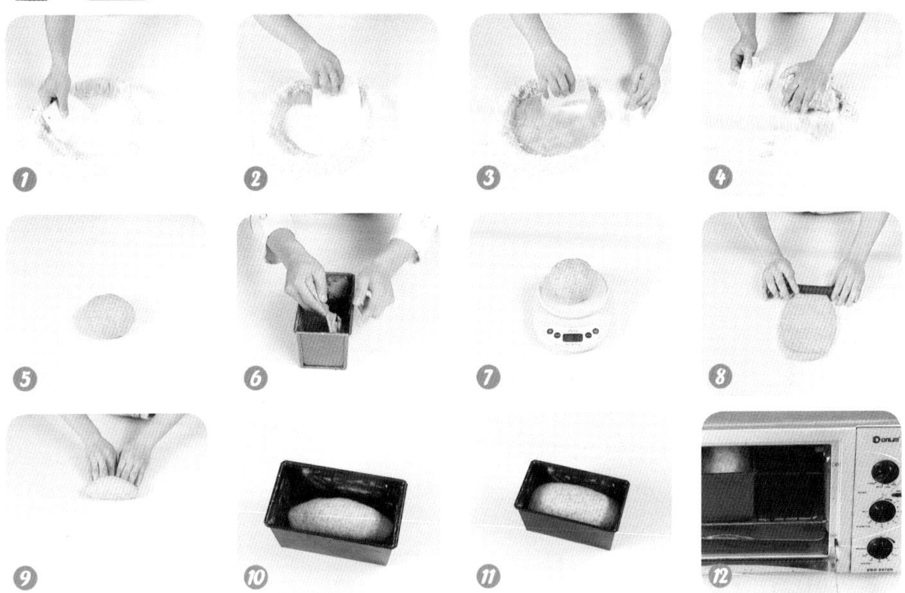

做法

1. 将全麦面粉、高筋面粉、奶粉倒在案台上，用刮板开窝。

2. 放入酵母，刮在粉窝边。

3. 倒入细砂糖、水、鸡蛋，用刮板搅散，将材料混合均匀。

4. 加入黄油，揉搓均匀。

5. 加入盐，混合均匀，揉搓成面团。

6. 取模具，在内侧刷上一层黄油，待用。

7. 用电子秤称取 350 克的面团。

8. 将面团压扁，再用擀面杖擀成面皮。

9. 把面皮翻面，从一端开始卷成橄榄形，制成生坯。

10. 将生坯放入方形模具里，在常温下发酵 90 分钟。

11. 使其发酵至原体积的 2 倍，把生坯放入烤箱里，关上箱门，以上火 190℃、下火 190℃的温度，烤 25 分钟至熟。

12. 打开箱门，取出烤好的面包脱模，装入盘中即可。

丹麦吐司

难易度☆☆☆☆☆

时间：25 分钟　烤制火候：上火 200℃，下火 170℃

原料

高筋面粉…170 克
低筋面粉…30 克
黄油…20 克
鸡蛋…40 克
片状酥油…70 克
清水…80 毫升
细砂糖…50 克
酵母…4 克
奶粉…20 克

工具

刮板…1 个
方形模具…1 个
擀面杖…1 根
烤箱…1 台

POINT

将面包倒出模具的时候最好也戴着隔热手套，以免烫伤。

步骤

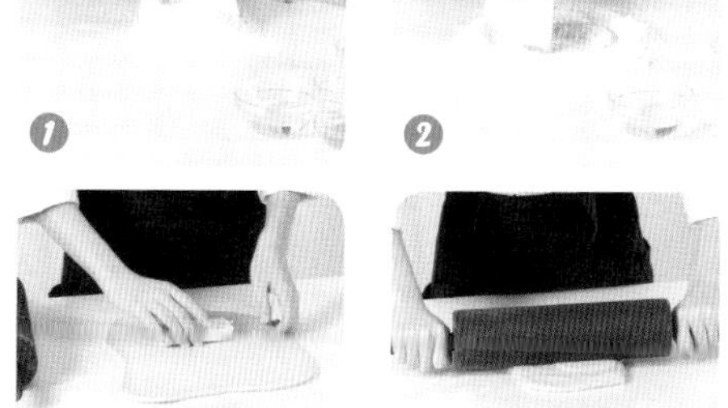
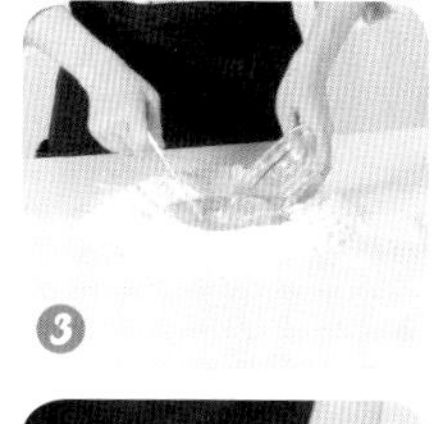

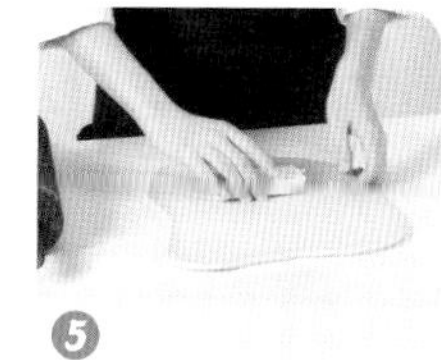

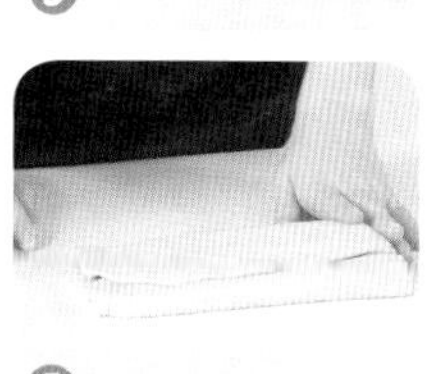
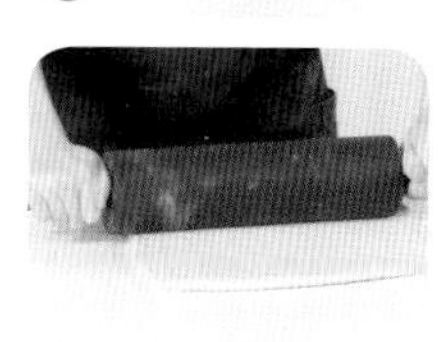

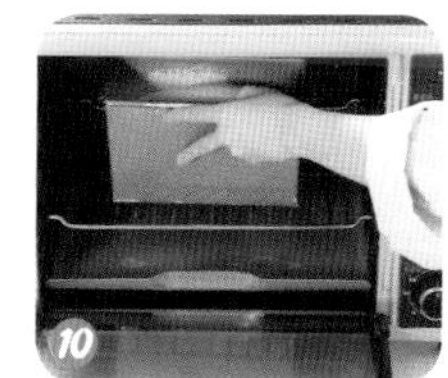

做法

1. 将高筋面粉、低筋面粉、奶粉、酵母倒在案台上，搅拌均匀。
2. 用刮板开窝，倒入细砂糖、鸡蛋，拌匀。
3. 倒入清水，将材料拌匀。
4. 再倒入黄油，一边翻搅一边按压，制成表面平滑的面团。
5. 用擀面杖将揉好的面团擀制成长形面片，放入备好的片状酥油。
6. 将另一侧面片覆盖，把面片封紧，用擀面杖擀至里面的酥油均匀。
7. 将面片叠三层，入冰箱冻 10 分钟。
8. 将面片拿出继续擀薄，依此擀薄冰冻反复进行 3 次，再拿出擀薄擀大。
9. 将擀好的面皮卷成吐司面胚放入方形模具内，发酵至原来形态的 2 倍大。
10. 将模具放入预热好的烤箱底层，关上烤箱门。
11. 以上火 200℃、下火 170℃烤 25 分钟。
12. 最后取出放凉即可脱模。

紫薯吐司

难易度

时间：25 分钟　烤制火候：上火 175℃，下火 200℃

原料

高筋面粉…500 克
黄油…70 克
奶粉…20 克
细砂糖…100 克
盐…5 克
鸡蛋…50 克
水…200 毫升
酵母…8 克
紫薯泥…60 克

工具

刮板…1 个
玻璃碗…1 个
搅拌器…1 个
方形模具…1 个
保鲜膜…1 张
刷子…1 把
擀面杖…1 根
烤箱…1 台

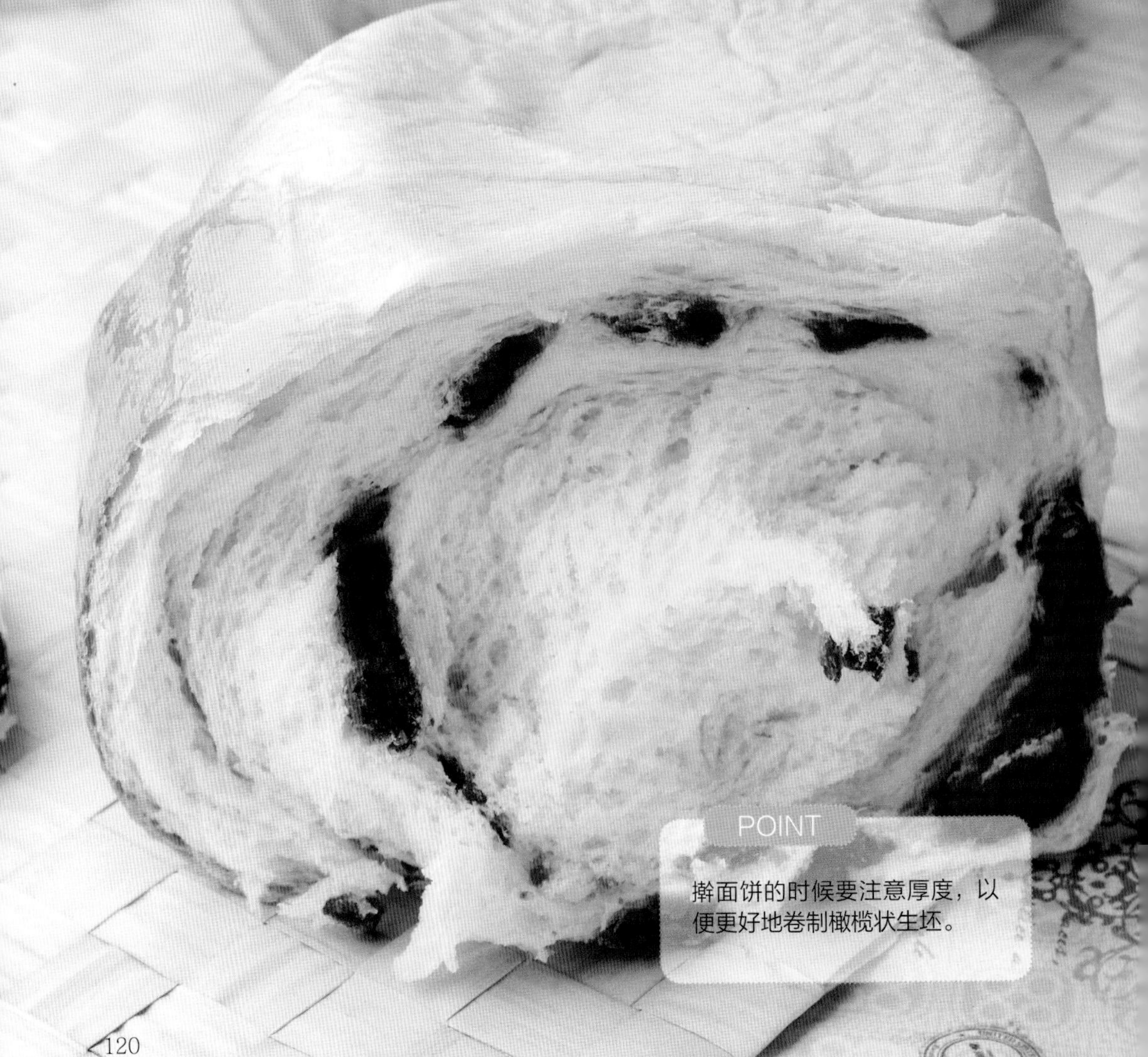

POINT

擀面饼的时候要注意厚度，以便更好地卷制橄榄状生坯。

步骤

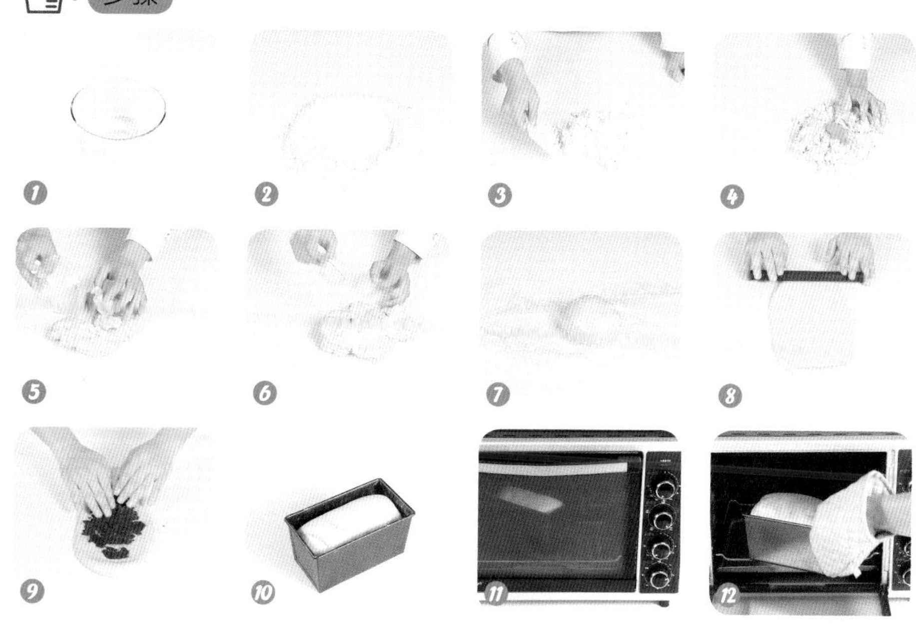

做法

1. 将细砂糖、水倒入玻璃碗中，用搅拌器搅拌至细砂糖溶化，待用。
2. 把高筋面粉、酵母、奶粉倒在案台上，用刮板开窝。
3. 倒入备好的糖水，将材料混合均匀，并按压成形。
4. 放入鸡蛋，拌匀并揉搓成湿面团。
5. 加入黄油，揉搓均匀。
6. 放入适量盐，揉成光滑的面团。
7. 用保鲜膜将面团包好，静置 10 分钟。
8. 取适量面团，压扁，用擀面杖擀平制成面饼。
9. 放上紫薯泥，铺平整，将其卷至橄榄状生坯。
10. 将面包生坯放入刷有黄油的方形模具中，常温发酵 1.5 小时至原来两倍大。
11. 预热烤箱，温度调至上火 175℃、下火 200℃。
12. 将模具放入预热好的烤箱，烤约 25 分钟，至熟即可。

POINT

模具里刷一层黄油， 能使烤后的吐司表面色泽美观，也便于脱模。

燕麦吐司

难易度☆☆☆☆☆

时间：20 分钟　烤制火候：上火 170℃，下火 200℃

原料

高筋面粉…250 克
燕麦…30 克
清水…100 毫升
鸡蛋…1 个
细砂糖…50 克
黄油…35 克
酵母…4 克
奶粉…20 克

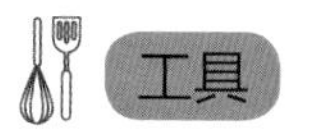

工具

刮板…1 个
方形模具…1 个
刷子…1 把
擀面杖…1 根
烤箱…1 台

做法

1. 把高筋面粉倒在案台上，加入燕麦、奶粉、酵母，用刮板混合均匀，开窝，倒入鸡蛋、细砂糖，搅匀。
2. 加入清水，搅拌均匀，加入黄油，拌入混合好的高筋面粉，搓成湿面团。
3. 再揉搓成纯滑的面团。
4. 把面团分成均等的两份，取方形模具，里侧四周刷上黄油。
5. 把两个面团放入模具中，常温发酵 1.5 个小时。
6. 生坯发酵好，约为原面皮体积的 2 倍，准备烘烤。
7. 将生坯放入烤箱中，以上火 170℃、下火 200℃烤 20 分钟即可。
8. 把烤好的燕麦吐司从烤箱中取出，把燕麦吐司从模具中取出，将燕麦吐司装在盘中即可。

咸方包

难易度 

时间：30 分钟 烤制火候：上火 190℃，下火 190℃

原料

高筋面粉…500 克
黄油…70 克
奶粉…20 克
细砂糖…100 克
盐…8 克
鸡蛋…50 克
水…210 毫升
酵母…8 克

工具

方形模具…1 个
保鲜膜…1 张
烤箱…1 台
刮板…1 个
擀面杖…1 根
刷子…1 把

做法

1. 细砂糖加水溶化；高筋面粉、酵母、奶粉开窝，倒糖水。
2. 加鸡蛋、黄油、盐混合均匀，揉搓成光滑的面团。
3. 面团用保鲜膜包好，静置 10 分钟。
4. 在模具中刷上适量黄油。
5. 称取 350 克的面团，将面团擀平，在面皮上抹上盐。
6. 将面团卷成橄榄形，入模具发酵 90 分钟，以上火 190℃、下火 190℃的温度，烤 30 分钟；取出模具，脱模即可。

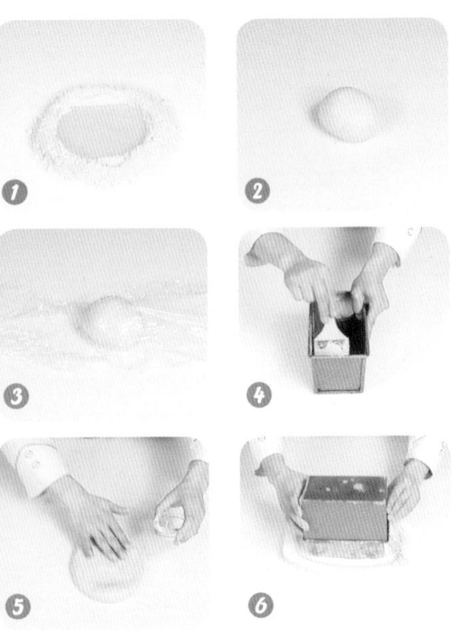

蒜香面包

难易度☆☆☆☆☆

时间：10 分钟 烤制火候：上火 190℃，下火 190℃

原料

高筋面粉 500 克，黄油 70 克，奶粉 20 克，细砂糖 100 克，盐 5 克，鸡蛋 1 个，水 200 毫升，酵母 8 克，蒜泥 50 克，黄油 50 克

工具

刮板…1 个
纸杯…数个
保鲜膜…1 张
玻璃碗…1 个
烤箱…1 台

做法

1. 细砂糖加水溶化成糖水；将高筋面粉、酵母、奶粉拌匀开窝，加糖水混匀。
2. 加入鸡蛋混合均匀，搓成面团，倒入黄油。
3. 将面团揉搓均匀，加入适量盐，揉搓至面团光滑。
4. 面团用保鲜膜包好，静置 10 分钟。
5. 取一玻璃碗，倒入蒜泥、黄油，拌匀，制成蒜泥馅，将面团分成小面团，压扁，放入蒜泥馅。
6. 再放入面包纸杯中，发酵 2 小时，放入烤箱，以上火 190℃、下火 190℃的温度烤 10 分钟即可。

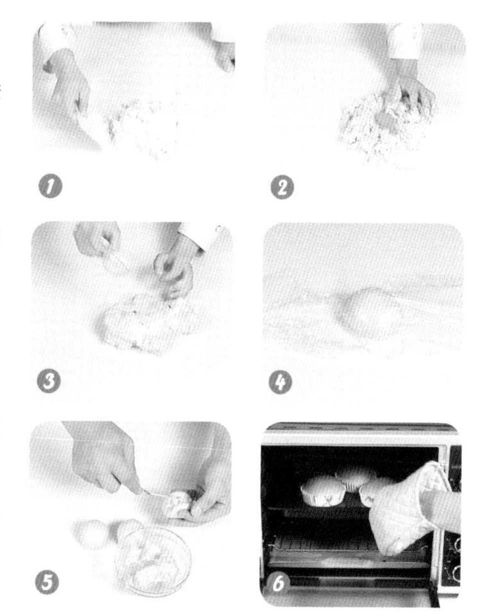

沙拉包

难易度☆☆☆☆☆

时间：15 分钟　烤制火候：上火 190℃，下火 190℃

原料

高筋面粉…500 克
黄油…70 克
奶粉…20 克
细砂糖…100 克
盐…5 克
鸡蛋…50 克
水…200 毫升
酵母…8 克
沙拉酱…适量

工具

刮板…1 个
搅拌器…1 个
裱花袋…1 个
玻璃碗…1 个
剪刀…1 把
烤箱…1 台
保鲜膜…适量

做法

1. 将细砂糖、水倒入玻璃碗中，用搅拌器搅拌至细砂糖溶化成糖水，待用。

2. 把高筋面粉、酵母、奶粉倒在案台上，用刮板开窝，倒入糖水，将材料混合均匀。

3. 加入鸡蛋混合均匀，揉搓成面团，将面团拉平，倒入黄油揉匀，加入盐，揉搓成光滑的面团。

4. 用保鲜膜将面团包好静置 10 分钟，将面团分成数个 60 克一个的小面团，把小面团揉搓成圆形，再放入烤盘中，发酵 90 分钟。

5. 将沙拉酱装入裱花袋中，在尖端部位剪开一个小口，在发酵的面团上挤入沙拉酱。

6. 烤箱调为上火 190℃、下火 190℃，预热后放入烤盘，烤 15 分钟至熟；取出烤盘，将沙拉包装入盘中。

玉米粒火腿沙拉包

难易度☆☆☆☆☆

时间：10 分钟　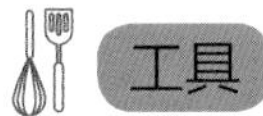烤制火候：上火 190℃，下火 190℃

原料

高筋面粉 500 克，黄油 70 克，奶粉 20 克，细砂糖 100 克，盐 5 克，鸡蛋 1 个，水 200 毫升，酵母 8 克，玉米粒 100 克，火腿丁 100 克，沙拉酱 50 克

工具

刮板…1 个
搅拌器…1 个
玻璃碗…1 个
剪刀…1 把
烤箱…1 台
保鲜膜…适量
面包纸杯…数个
圆形模具…1 个
烤盘…1 个

做法

1. 细砂糖加水溶化成糖水；将高筋面粉、酵母、奶粉混匀，开窝，倒入糖水拌匀。
2. 加鸡蛋，混合均匀，揉搓成面团。
3. 将面团拉平，倒入黄油，揉搓均匀，加入适量盐，揉搓成光滑的面团。
4. 用保鲜膜将面团包好，静置 10 分钟。
5. 取出面团，搓圆分成四等份，搓成 4 个小球，压扁，用圆形模具压成圆饼状生坯，入纸杯后入烤盘中发酵 2 小时，再刷上沙拉酱，撒上玉米粒，放上火腿丁。
6. 烤盘放入预热的烤箱中，温度调至上火 190℃、下火 190℃，烤 10 分钟至熟即可。

1

2

3

4

5

6

洋葱培根芝士包

难易度 ★★☆☆☆

时间：10 分钟　　烤制火候：上火 190℃，下火 190℃

原料

高筋面粉…500 克
黄油…70 克
奶粉…20 克
细砂糖…100 克
盐…5 克
鸡蛋…1 个
水…200 毫升
酵母…8 克
培根片…45 克
洋葱粒…40 克
芝士粒…30 克

工具

烤箱…1 台
刮板…1 个
保鲜膜…1 张
面包纸杯…3 个
擀面杖…1 根
烤盘…1 个

做法

1. 细砂糖用水溶化成糖水，将高筋面粉、酵母、奶粉倒在案台上，开窝，倒入糖水，将材料混合均匀。

2. 加入鸡蛋，将材料再次混合均匀，揉搓成面团。

3. 将面团稍微拉平，倒入备好的黄油，揉搓均匀，加入适量盐，揉搓成光滑的面团，用保鲜膜将面团包好，静置 10 分钟。

4. 用擀面杖将面团擀平至成面饼，铺上芝士粒，加入洋葱粒，放入培根片，将放好食材的面饼卷成橄榄状生坯。

5. 将生坯切成三等份，放入备好的面包纸杯中，常温发酵 2 小时至微微膨胀。

6. 烤盘中放入发酵好的生坯，将其放入预热好的烤箱中，温度调至上火 190℃、下火 190℃，烤 10 分钟至熟；取出烤盘，装盘即可。

1

2

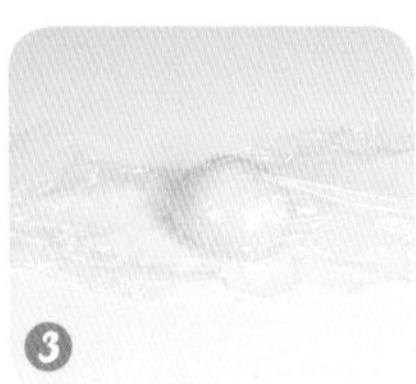
3

4

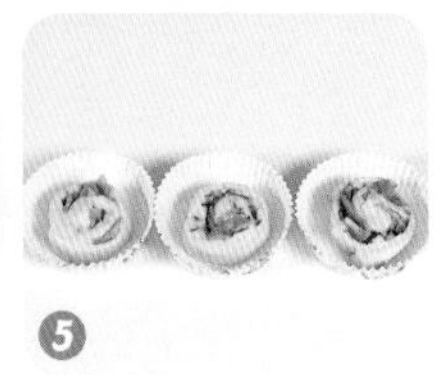
5

6

雪山飞狐

难易度 ☆☆☆☆☆

时间：15 分钟　烤制火候：上火 170℃，下火 170℃

原料

高筋面粉…250 克
酵母…4 克
奶粉…15 克
黄油…35 克
纯净水…100 毫升
细砂糖…150 克
蛋黄…25 克
白奶油…100 克
牛奶…100 毫升
低筋面粉…100 克
芝麻…适量

工具

刮板…1 个
电动搅拌器…1 个
裱花袋…1 个
玻璃碗…1 个
剪刀…1 把
蛋糕纸杯 4 个
烤箱…1 台
烤盘…1 个
电子秤…1 台

做法

1. 将高筋面粉、酵母、奶粉、细砂糖、蛋黄、水，搅匀。
2. 加黄油揉匀，分成 4 个面团。
3. 面团依次揉圆入纸杯发至两倍大。
4. 将细砂糖倒进玻璃碗中，加牛奶，用电动搅拌器搅拌均匀。
5. 再加低筋面粉、白奶油、芝麻拌匀。
6. 再将面糊挤入模具，入烤盘，入烤箱，以上、下火同为 170℃烤约 15 分钟，取出装盘即可。

POINT

烤箱预热后再放入生坯，可使烤出的面包更美味。

红豆方包

难易度☆☆☆☆☆

时间：140 分钟 烤制火候：上火 190℃，下火 190℃

原料

高筋面粉…500 克
黄油…70 克
奶粉…20 克
细砂糖…100 克
盐…5 克
鸡蛋…1 个
水…200 毫升
酵母…8 克
红豆粒…40 克

工具

搅拌器…1 个
刮板…1 个
方形模具…1 个
玻璃碗…1 个
刷子…1 把
擀面杖…1 根
烤箱…1 台
保鲜膜…适量

做法

1. 将细砂糖、水倒入玻璃碗中，用搅拌器搅拌至细砂糖溶化，待用。
2. 把高筋面粉、酵母、奶粉倒在案台上，用刮板开窝，倒入备好的糖水，将材料混合均匀，并按压成形。
3. 加入鸡蛋混合均匀，揉搓成面团。
4. 将面团拉平，倒入黄油搓匀，加入盐，揉搓成光滑的面团，用保鲜膜将面团包好静置 10 分钟。
5. 取方形模具，在内侧刷上一层黄油。
6. 用擀面杖把面团擀成长面皮，铺上一层红豆粒。
7. 面皮卷成卷，揉成橄榄形，制成生坯。
8. 将生坯放入模具里，在常温下发酵 90 分钟，盖上模具盖，放入预热好的烤箱， 以上下火各 190℃烤 40 分钟。

牛奶面包

难易度★☆☆☆☆

时间：105 分钟 烤制火候：上火 190℃，下火 190℃

原料

高筋面粉…200 克
蛋白…30 克
酵母…3 克
牛奶…100 毫升
细砂糖…30 克
黄油…35 克
盐…2 克

工具

刮板…1 个
擀面杖…1 根
剪刀…1 把
烤箱…1 台
高温布…1 块
烤盘…1 个

做法

1. 将高筋面粉倒在案台上，加入盐、酵母混合均匀。
2. 再用刮板开窝，倒入蛋白、细砂糖，搅拌均匀，倒入牛奶，搅拌均匀，放入黄油，拌入混合好的高筋面粉搓成湿面团。
3. 把面团分成三等份剂子，把剂子搓成光滑的小面团。
4. 用擀面杖把小面团擀成薄厚均匀的面皮，把面皮卷成圆筒状，制成生坯。
5. 将制作好的生坯装入垫有高温布的烤盘里，常温 90 分钟发酵。
6. 用剪刀在发酵好的生坯上逐一剪开数道平行的口子，再往开口处撒上适量细砂糖。生坯放入烤箱中，上火调为 190℃，下火调为 190℃，烘烤 15 分钟。

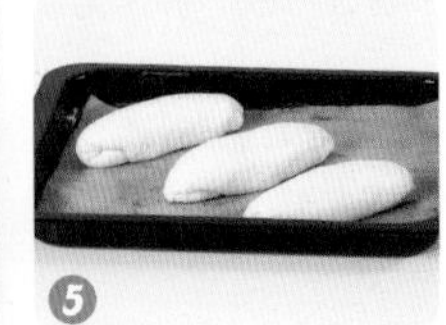

红豆杂粮面包

难易度☆☆☆☆☆

时间：105 分钟　烤制火候：上火 190℃，下火 190℃

原料

高筋面粉…160 克
杂粮粉…350 克
鸡蛋…1 个
黄油…70 克
奶粉…20 克
水…200 毫升
细砂糖…100 克
盐…5 克
酵母…8 克
红豆粒…20 克

工具

刮板…1 个
筛网…1 个
小刀…1 把
烤箱…1 台
烤盘…1 个

做法

1. 将杂粮粉、高筋面粉、酵母、奶粉倒在案台上，用刮板开窝。
2. 倒入细砂糖、水，拌匀，将材料混合均匀，揉搓成面团，将面团压平，加入鸡蛋，并按压揉匀，加入盐、黄油揉匀。
3. 将面团揉成数个 60 克的面团，依次取其中一个面团，拉平，放入红豆粒，收口，并揉圆。
4. 生坯放烤盘，发酵 90 分钟，生坯用小刀划十字。
5. 并将高筋面粉过筛至生坯上。
6. 将烤盘放入烤箱中，以上火 190℃、下火 190℃烤 15 分钟，取出装盘。

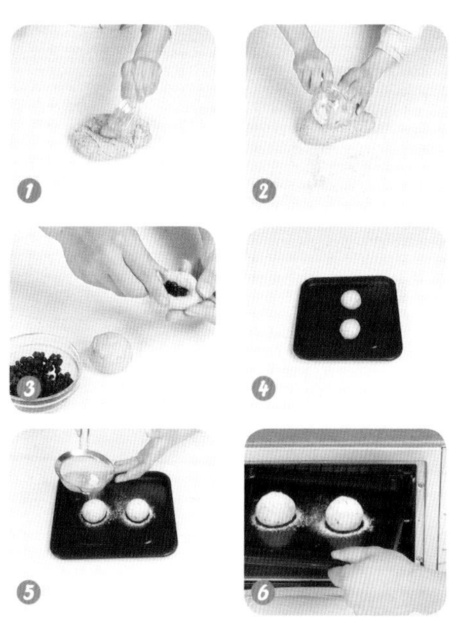

德国 Stollen 面包

难易度☆☆☆☆☆

时间：245 分钟　烤制火候：预热至 170℃，上火 170℃，下火 150℃

原料

高筋面粉…350 克
酵母…4 克
牛奶…130 毫升
朗姆酒…30 毫升
鸡蛋…1 个
糖粉…35 克
葡萄干…30 克
蔓越莓干…30 克
菠萝干…30 克
盐…1 克
融化黄油…50 克

工具

玻璃碗…4 个
刮板…1 个
烤盘…1 个
面粉筛…1 个
烘焙胶垫…一张
保鲜袋或保鲜膜…1 个 / 张
烤箱…1 台

POINT

1. 用朗姆酒浸泡的菠萝干、蔓越莓干、葡萄干宜放入冰箱冷藏，以保持其品质和风味。
2. 酵母用 45 度左右的温水调匀，可使酵母加速激活。
3. 优质面粉用手摸取时，手心有较大的凉爽感，握紧时成团。

步骤

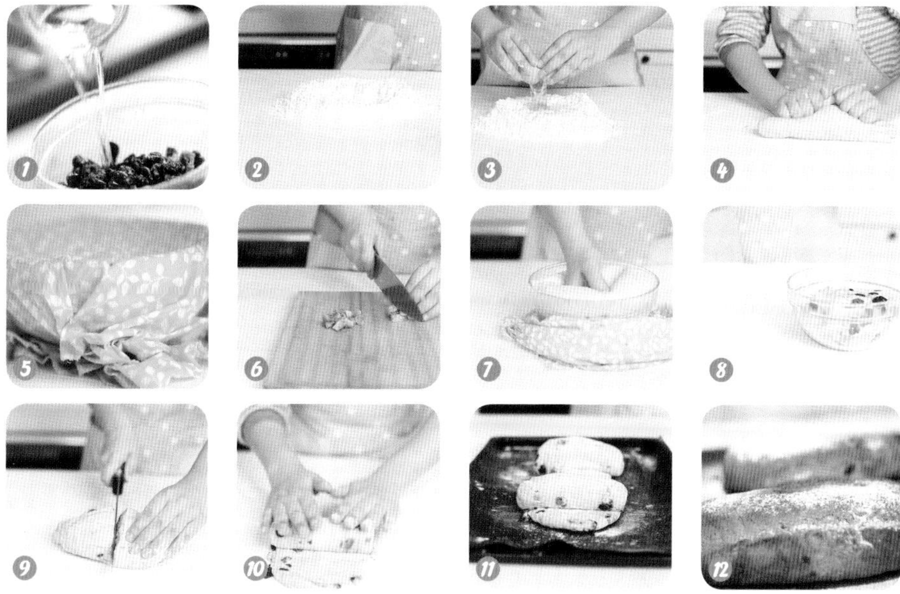

做法

1. 将菠萝干、蔓越莓干、葡萄干装入碗中，加入朗姆酒中，浸泡过夜。

2. 将面粉倒在台面上，开窝，酵母放入 45 度左右的温水中拌匀，倒入面粉窝中。

3. 倒入牛奶，打入鸡蛋，用刮板拌匀。

4. 揉成面团后撒上盐再揉匀。

5. 将面团放入玻璃碗中，盖上湿布，发酵 2 个小时至原始面团的两倍大。

6. 取出浸泡好的菠萝干，切成小丁，将切好的菠萝干与浸泡好的葡萄干、蔓越莓干混合，用保鲜袋或保鲜膜封住，避免酒香挥发。

7. 将第一次发酵后的面团捶打排气，继续揉至面团光滑，加入浸泡好的果干，揉匀。

8. 放入碗中，常温下再发酵 1 个小时，将第二次发酵好的面团切成两半。

9. 取一半，揉成椭圆形，再用擀面杖擀成面皮。

10. 将面皮从一端向另一端卷起，稍留部分不卷完，即成面包生坯。

11. 取烤盘，铺上烘焙胶垫，撒上少许的面粉，放上面包生坯，盖上湿布常温下发酵 40 分钟。

12. 将烤箱预热至 170℃，放入发酵好的面包生坯，上火 170℃，下火 150℃，烤 25 分钟，取出面包，刷上融化的黄油，并筛一层厚厚的糖粉，切块食用即可。

麸皮核桃包

难易度☆☆☆☆☆

时间：预热 5 分钟，烤制 15 分钟

烤制火候：上火 190℃，下火 190℃

原料

高筋面粉…200 克
麸皮…50 克
酵母…4 克
鸡蛋…60 克
细砂糖…50 克
清水…100 毫升
黄油…35 克
奶粉…20 克
核桃仁…适量

工具

刮板…1 个
擀面杖…1 根
圆形模具…1 个
小刀…1 把
烤箱…1 台
烤盘…1 个
盘子…1 个

做法

1. 将高筋面粉、麸皮、奶粉、酵母倒在案台上，拌匀后用刮板开窝。
2. 倒入细砂糖和鸡蛋拌匀，加入清水，放入黄油，和匀，至材料完全融合在一起，再揉成面团。
3. 用擀面杖把面团擀薄，呈厚度 0.3 厘米左右的面皮，取备好的圆形模具，在面皮上按压出 8 个面皮，取两个面皮叠起来，依次叠好 4 份。
4. 取一份面皮用小刀在中间割开一个小口，放入核桃仁，按压好，放入烤盘。
5. 依次做好其余的核桃包生坯，装在烤盘中，摆整齐，发酵好。
6. 烤箱预热 5 分钟，把烤盘放入中层，关好烤箱门，以上、下火同为 190℃的温度烤约 15 分钟，至食材熟透；断电后取出烤盘，稍稍冷却后拿出烤好的成品，装盘即可。

1

2

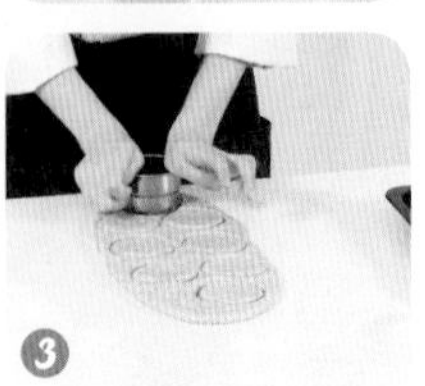
3

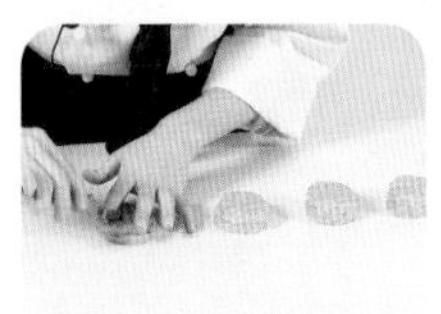
4

5

6

胚芽核桃包

难易度☆☆☆☆☆

时间：15 分钟　烤制火候：上火 190℃，下火 190℃

原料

高筋面粉…200 克
全麦面粉…50 克
酵母…4 克
鸡蛋…60 克
细砂糖…50 克
清水…100 毫升
黄油…35 克
核桃…适量
小麦胚芽…适量

工具

刮板…1 个
刀片…1 个
擀面杖…1 根
烤箱…1 台
烤盘…1 个
电子秤…1 台

做法

1. 将高筋面粉、全麦面粉、酵母倒在案台上，用刮板拌匀后开窝，拌入鸡蛋、细砂糖。
2. 加入清水，再拌匀，放入黄油、核桃和匀，至材料完全融合在一起，再揉成面团。
3. 用备好的电子秤称取 60 克左右 1 个的面团，依次揉圆。
4. 取一个面团压扁，用擀面杖稍稍擀大，卷成橄榄形状，蘸些许小麦胚芽，做成生坯。
5. 将生坯装在烤盘中，摆整齐发酵；用刀片在发酵好的生坯上划开口，抹上黄油。
6. 烤箱预热，放入烤盘，以上、下火同为 190℃的温度烤约 15 分钟，至食材熟透；取出烤好的面包，装盘即可。

1

2

3

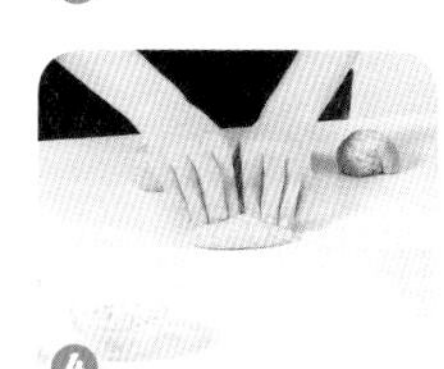
4

5

6

开心果面包

难易度 ★☆☆☆☆

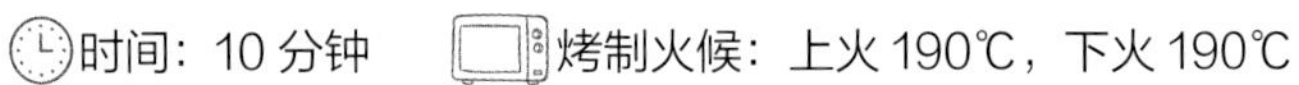

时间：10 分钟　烤制火候：上火 190℃，下火 190℃

原料

高筋面粉…200 克　清水…60 毫升
细砂糖…30 克　开心果…30 克
黄油…20 克　酵母…3 克

工具

刮板…1 个　烤盘…1 个
刀片…1 个　刀…1 把
烤箱…1 台

做法

1. 把高筋面粉倒在案台上，用刮板开窝，放入酵母，倒入清水、细砂糖搅匀。
2. 刮入高筋面粉，混合均匀，加入黄油，继续揉搓，揉搓成光滑的面团，发酵片刻。
3. 把面团分成两半，取其中一半分切成两个等份的剂子，搓成圆球状，再压扁，包入适量开心果，制成生坯。
4. 用刀片在生坯上部划上十字花纹。
5. 把生坯装入烤盘里，待发酵至两倍大。
6. 取出烤箱， 将烤箱上、下火温度均调为 190℃，预热 5 分钟，放入发酵好的生坯，关上箱门，烘烤 10 分钟至熟，取出即可。

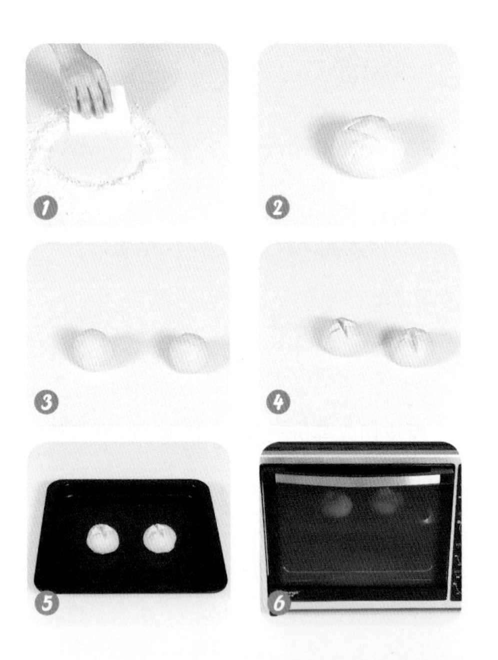

焦糖香蕉可颂

难易度 

时间：15 分钟　烤制火候：上火 190℃，下火 190℃

原料

高筋面粉…170 克
低筋面粉…30 克
细砂糖…50 克
黄油…20 克
奶粉…12 克
盐…3 克
干酵母…5 克
水…88 毫升
鸡蛋、酥油、焦糖、香蕉肉…各适量

工具

擀面杖…1 根
刀…1 把
烤箱…1 台

做法

1. 将低粉、高粉、奶粉、干酵母、盐、水、细砂糖、鸡蛋、黄奶油，揉搓成面团。
2. 用擀面杖将片状酥油擀薄，待用。
3. 将面团擀成薄片，放上酥油片，将面皮折叠，擀平，先将三分之一的面皮折叠，再将剩下的折叠起来，放入冰箱，冷藏 10 分钟。取出，上述动作重复操作两次。
4. 酥皮切成等份三角块，擀薄，边缘切平整。
5. 把香蕉肉放在酥皮上，卷成羊角状，制成生坯，装入烤盘，常温发酵 1.5 小时。
6. 烤箱上下火调为 190℃，预热 5 分钟，放入生坯，烘烤 15 分钟；取出，刷上焦糖。

1

2
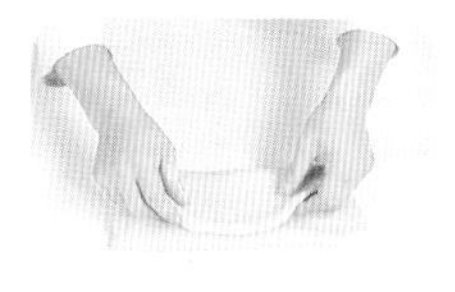
3
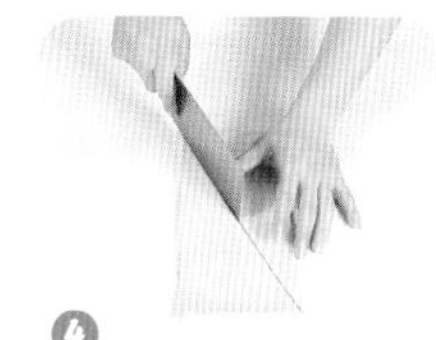
4
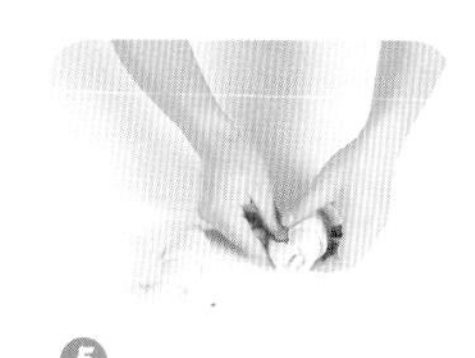
5

6

培根可颂

难易度

时间：135 分钟　烤制火候：上火 190℃，下火 190℃

 原料

酥皮：高筋面粉 170 克，低筋面粉 30 克，细砂糖 50 克，黄油 20 克，奶粉 12 克，盐 3 克，干酵母 5 克，水 88 毫升，鸡蛋 40 克，片状酥油 70 克

馅料：培根 40 克

装饰：沙拉酱适量

 工具

刮板…1 个
玻璃碗…1 个
擀面杖…1 根
烤盘…1 个
刷子…1 把
烤箱…1 台
刀…1 把

POINT

除沙拉酱外，还可根据个人的口味喜好，选择蓝莓酱、草莓酱等果酱刷在可颂生坯上。

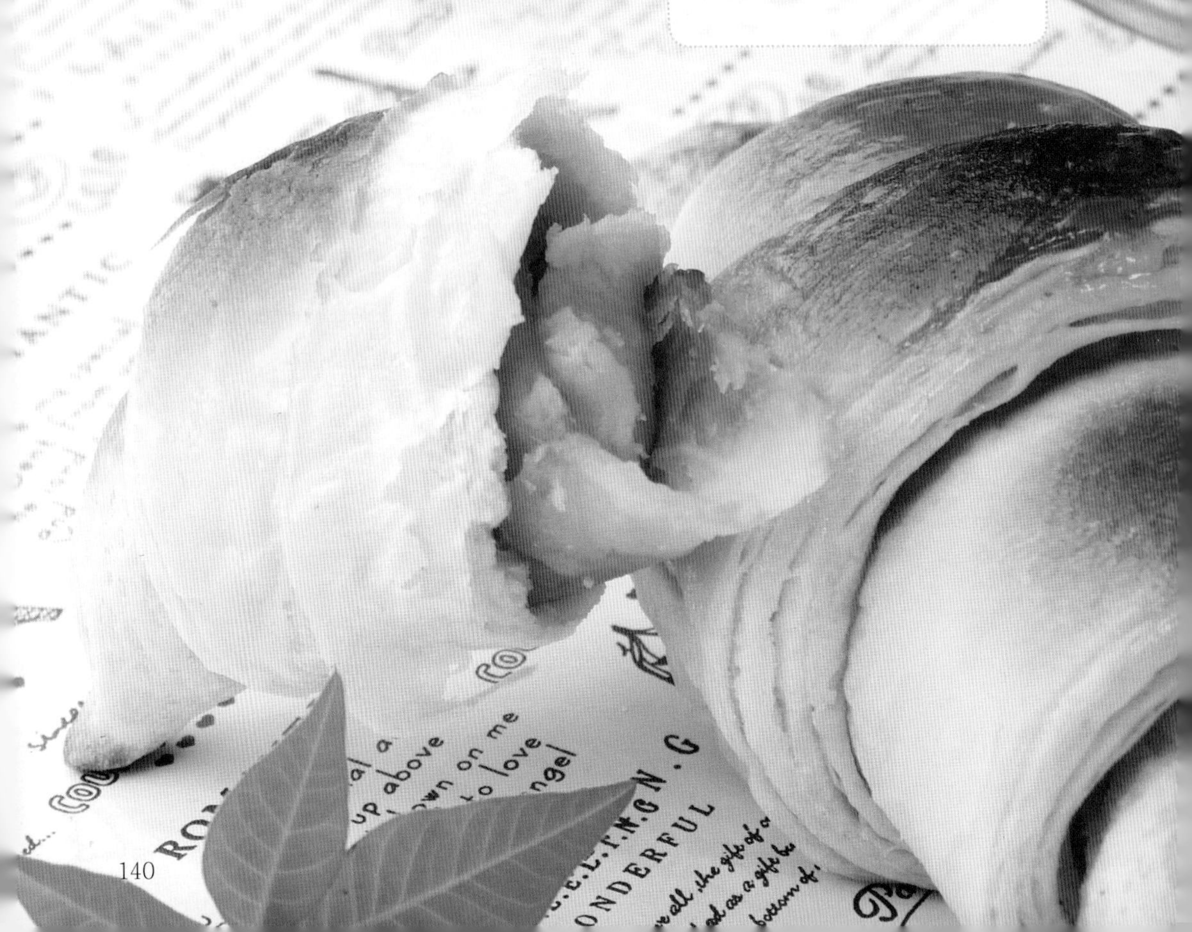

步骤

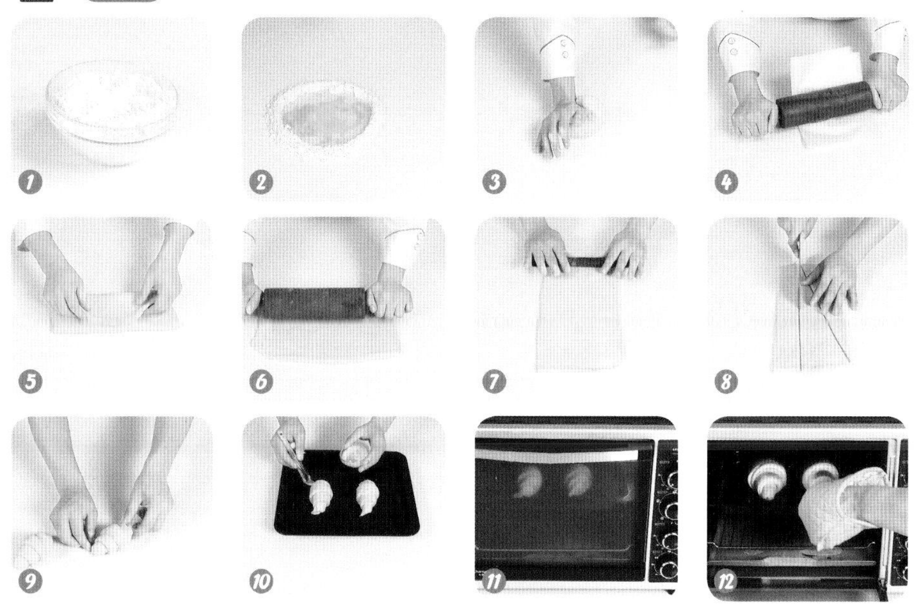

做法

1. 将低筋面粉、高筋面粉、奶粉、干酵母、盐放入玻璃碗中拌匀。

2. 将拌好的材料倒在案台上，用刮板开窝，倒入水、细砂糖、鸡蛋拌匀。

3. 将材料揉成湿面团，加入黄油拌匀，揉搓成光滑的面团。

4. 用擀面杖将片状酥油擀薄，放上酥油片，将面皮折叠擀平。

5. 将三分之一的面皮折叠，再将剩下的折叠起来，放入冰箱，冷藏 10 分钟。

6. 取出面皮，继续擀平，将上述动作重复操作两次。

7. 取适量酥皮，用擀面杖擀薄。

8. 将酥皮边缘用刀切平整，改切成三角块。

9. 把培根放在酥皮上，卷成羊角状，制成生坯。

10. 把生坯装入烤盘，刷上一层沙拉酱，常温 1.5 个小时发酵。

11. 将烤箱上下火均调为 190℃，预热 5 分钟，打开箱门，放入发酵好的生坯。

12. 关上箱门，烘烤 15 分钟至熟；戴上手套，打开箱门，把烤好的面包取出。

丹麦紫薯面包

难易度☆☆☆☆☆

时间：135 分钟　烤制火候：上火 190℃，下火 190℃

原料

高筋面粉…170 克
低筋面粉…30 克
细砂糖…50 克
黄油…20 克
奶粉…12 克
盐…3 克
干酵母…5 克
水…88 毫升
鸡蛋…40 克
片状酥油…70 克
紫薯泥…适量

工具

玻璃碗…1 个
碟子…1 个
擀面杖…1 根
刀…1 把
烤箱…1 台
烤盘…1 个

POINT

制作时不宜使用冷藏的鸡蛋，否则会使面糊的乳化程度不够，影响成品的外观和口感。

步骤

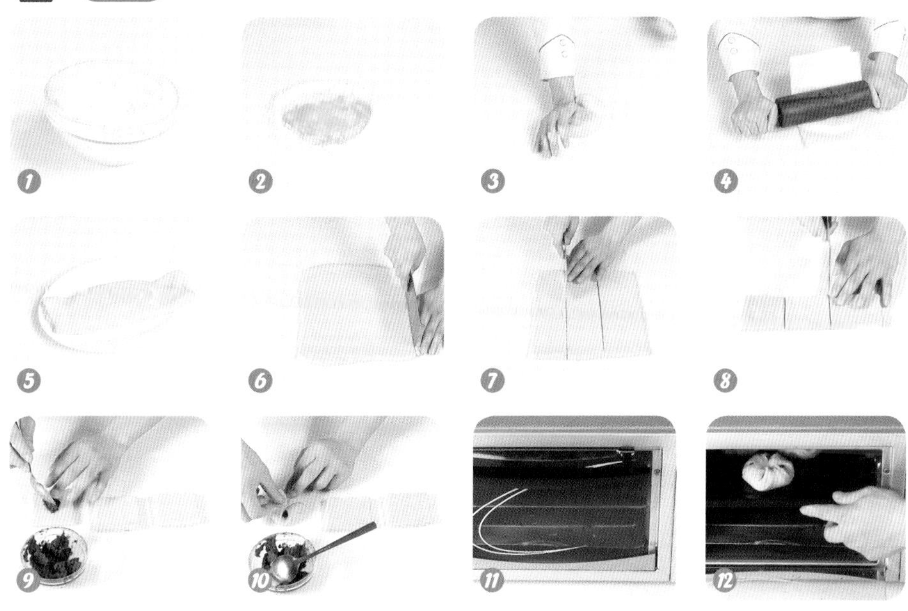

做法

1. 将低筋面粉、高筋面粉、奶粉、干酵母、盐放入玻璃碗中拌匀。

2. 将拌好的材料倒在案台上，用刮板开窝，倒入水、细砂糖、鸡蛋拌匀。

3. 将材料揉搓成湿面团，加入黄油，继续揉搓成光滑的面团，用擀面杖将片状酥油擀薄。

4. 面团擀平成面片；放上酥油片，折叠擀平，叠成三层，入冰箱冷藏 10 分钟。

5. 取出面皮，将上述动作重复操作两次。

6. 将面皮擀薄，把边缘切齐整。

7. 再分切成 3 个大小均等的长方片。

8. 取其中一块，切成 3 个均等的方片。

9. 在面皮中心处放上适量紫薯泥。

10. 将面皮四角向中心折，粘在紫薯泥上，依次将余下的材料制成生坯。

11. 将生坯装在烤盘上，在常温下发酵 1.5 小时。

12. 将烤箱调为上火 190℃、下火 190℃，预热 5 分钟，把发酵好的生坯放入烤箱里，关上箱门，烤 15 分钟至熟。

丹麦巧克力可颂

难易度 ★★☆☆☆

时间：55 分钟　烤制火候：上火 200℃，下火 190℃

原料

高筋面粉…170 克
低筋面粉…30 克
黄油…20 克
鸡蛋…40 克
片状酥油…70 克
清水…80 毫升
细砂糖…50 克
酵母…4 克
奶粉…20 克
巧克力豆…适量

工具

刮板…1 个
擀面杖…1 根
尺子…1 把
烤箱…1 台

做法

1. 将高筋面粉、低筋面粉、奶粉、酵母、细砂糖、鸡蛋拌匀。
2. 倒入清水，搅拌匀，加入黄油按压，揉匀。
3. 擀平面团，放入片状酥油。
4. 折叠盖住酥油，擀至酥油散匀，叠 3 层，入冰箱冷藏 10 分钟。
5. 以上动作反复三次，擀薄。
6. 裁三角形面皮，放入巧克力豆，卷好、发酵后入烤箱，调至上火 200℃，下火 190℃，烤 15 分钟。

丹麦羊角面包

难易度 ☆☆☆☆☆

时间：45 分钟　　烤制火候：上火 200℃，下火 200℃

原料

高筋面粉…170 克
低筋面粉…30 克
细砂糖…50 克
鸡蛋…60 克
黄油…20 克
奶粉…12 克
盐…3 克
酵母…5 克
清水…88 毫升
片状酥油…70 克
蛋液…适量
蜂蜜…适量

工具

玻璃碗…1 个
刮板…1 个
刷子…1 个
擀面杖…1 根
油纸…1 张
刀…1 把
烤箱…1 台
烤盘…1 个

做法

1. 将低筋面粉倒入高筋面粉的玻璃碗中，再倒入奶粉、酵母、盐拌匀，在案台上开窝。
2. 倒入清水、细砂糖，放入鸡蛋拌匀，揉搓成湿面团，加入黄油，揉搓成光滑的面团，用油纸包好片状酥油，用擀面杖将其擀薄。
3. 将面团擀成薄片，制成面皮，放上片状酥油，将面皮折叠，把面皮擀平。先将三分之一的面皮折叠，再将剩下的折叠起来。
4. 面皮放入冰箱，冷藏 10 分钟后取出擀平，将上述动作重复两次，制成酥皮。取适量酥皮，用刀沿对角线切成两块三角形酥皮，用擀面杖将三角形酥皮擀平擀薄，分别将擀好的三角形酥皮卷成橄榄状生坯。
5. 备好烤盘，放上橄榄状生坯，刷上蛋液。
6. 预热烤箱，温度调至上、下火均为 200℃，将烤盘放入预热好的烤箱中，烤 15 分钟至熟，取出，在面包上刷一层蜂蜜。

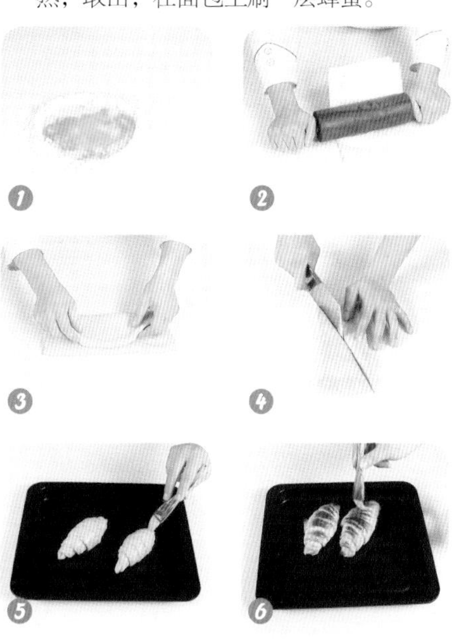

丹麦牛角面包

难易度

时间：55 分钟　　烤制火候：上火 200℃，下火 190℃

原料

高筋面粉 170 克，低筋面粉 30 克，细砂糖 50 克，黄油 20 克，鸡蛋 40 克，片状酥油 70 克，水 80 毫升，酵母 4 克，奶粉 20 克

工具

擀面杖…1 根　　刀…1 把

尺子…1 把　　烤箱…1 台

烤盘…1 个

做法

1. 细砂糖加水溶化；高筋面粉、低筋面粉、奶粉、酵母拌匀开窝，倒入糖水、鸡蛋，将其拌匀，加黄油揉成平滑面团。
2. 撒点干粉在面板上，用擀面杖将揉好的面团擀制成长型面片，放入片状酥油，将另一侧面片覆盖，把四周的面片封紧，用擀面杖擀至里面的酥油分散均匀。
3. 将面片叠成三层，入冰箱冷藏 10 分钟。
4. 取出面片继续擀薄，依次擀薄冷藏反复进行 3 次，再拿出擀薄擀大，修齐边。
5. 将面片分成大小一致的长等腰三角形的面皮，从宽端卷制成生胚，发酵至两倍大。
6. 放入预热好的烤箱，上火调为 200℃，下火调为 190℃，烤 15 分钟至面包松软。

丹麦条

难易度☆☆☆☆☆

时间：55 分钟　烤制火候：上火 200℃，下火 190℃

原料

高筋面粉…170 克　清水…80 毫升
低筋面粉…30 克　细砂糖…50 克
黄油…20 克　酵母…4 克
鸡蛋…40 克　奶粉…20 克
片状酥油…70 克　干粉…少许

工具

刮板…1 个　烤箱…1 台
擀面杖…1 根　烤盘…1 个
尺子…1 把　刀…1 把

做法

1. 将高筋面粉、低筋面粉、奶粉、酵母倒在案台上开窝，倒入细砂糖、鸡蛋拌匀。
2. 倒入清水，搅拌匀，再倒入黄油，一边翻搅一边按压，制成表面平滑的面团。
3. 撒点干粉在案台上，放上面团，用擀面杖将揉好的面团擀制成长形面片，放入片状酥油，将另一侧面片覆盖，把四周的面片封紧，擀至里面的酥油分散均匀。
4. 将擀好的面片叠成 3 层，放入冰箱冰冻 10 分钟，取出后继续擀薄，依此擀薄、冰冻，反复进行 3 次，再取出面片擀薄擀大，用刀分切成长方形的面片。
5. 将面片依次切成一端连着的 3 条，编成麻花辫形放入烤盘中，发酵至两倍大。
6. 将烤盘放入预热好的烤箱内，上火温度调为 200℃，下火温度调为 190℃，时间定为 15 分钟，烤至面包松软即可。

POINT

1. 可依个人喜好，在生坯环中放入少许樱桃果酱，这样吃起来会更可口。
2. 烤箱温度可根据自家烤箱具体情况进行调节。

丹麦樱桃面包 难易度☆☆☆☆☆

时间：预热 5 分钟
烤制 15 分钟

烤制火候：上火 200℃
下火 200℃

原料

高筋面粉 170 克，低筋面粉 30 克，细砂糖 50 克，黄油 20 克，奶粉 12 克，盐 3 克，酵母 5 克，清水 88 毫升，鸡蛋 40 克，片状酥油 70 克，樱桃适量

工具

玻璃碗…1 个
刮板…1 个
大圆形模具…1 个
小圆形模具…1 个
油纸…1 张
烤箱…1 台
烤盘…1 个

做法

1. 将低筋面粉倒入装有高筋面粉的玻璃碗中，拌匀，加入奶粉、酵母、盐，倒在案台上，用刮板开窝。
2. 倒入清水、细砂糖、鸡蛋拌匀，揉搓成湿面团，加入黄油，揉搓成光滑的面团。
3. 用油纸包好片状酥油，用擀面杖将其擀薄；将面团擀成薄片，制成面皮，放上酥油片，将面皮折叠后擀平。
4. 先将三分之一的面皮折叠，再将剩下的折叠起来，放入冰箱冷藏 10 分钟，取出后继续擀平，将上述动作重复操作两次，制成酥皮。
5. 取适量酥皮，用稍大的圆形模具压制出两个圆状饼坯，取其中一个圆状饼坯。
6. 用小一号圆形模具将其压出一道圈，取下圆圈饼坯，将圆圈饼坯放在圆状饼坯上方，制成面包生坯。
7. 备好烤盘，放上生坯，生坯环中放上樱桃；预热烤箱，温度调至上、下火各 200℃。
8. 将烤盘放入提前 5 分钟预热好的烤箱中，烤 15 分钟至熟；取出烤盘，将烤好的面包装盘即可。

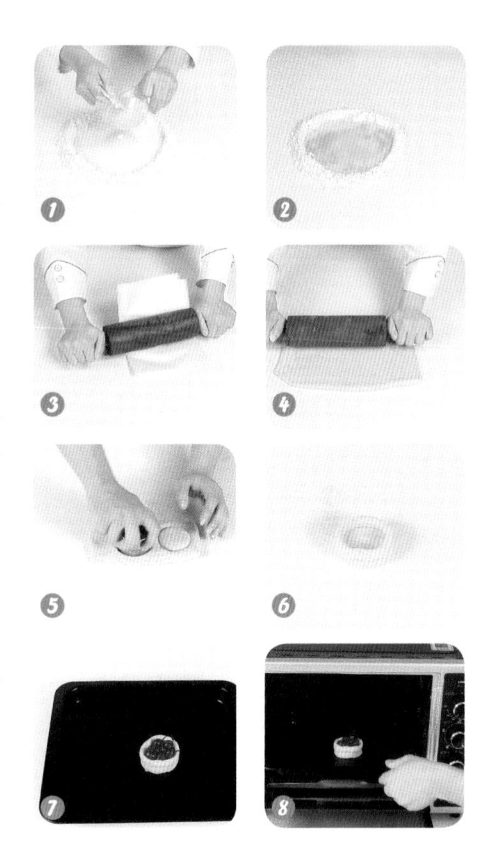

红豆金砖

难易度

时间：130 分钟　烤制火候：上火 180℃，下火 200℃

原料

高筋面粉 170 克，低筋面粉 30 克，细砂糖 50 克，黄油 20 克，盐 3 克，酵母 5 克，鸡蛋 40 克，片状酥油 70 克，熟蜜红豆 60 克，清水 88 毫升

工具

刮板…1 个　烤箱…1 台
擀面杖…1 根　玻璃碗…1 个
吐司模具…1 个　刀…1 把

做法

1. 将低筋面粉倒入高筋面粉的玻璃碗中拌匀，倒入酵母、盐拌匀，倒在案台上开窝。
2. 倒入清水、细砂糖，放入鸡蛋、黄油，揉成光滑面团；用擀面杖将片状酥油擀薄。
3. 将面团擀成薄片，放上酥油片，将面皮折叠后擀平，先将三分之一的面皮折叠，再将剩下的折叠起来，放入冰箱冷藏 10 分钟，取出后制成酥皮。
4. 取酥皮擀薄，将边缘切平整，用刀切成两等份长方块，叠在一起，放入模具里。
5. 在生坯上撒上熟蜜红豆，常温发酵 1.5 小时，生坯发酵好，盖上模具盖子。
6. 将烤箱温度调为上火 180℃、下火 200℃，放入生坯，烘烤 20 分钟至熟。

亚麻籽方包

难易度★★☆☆☆

时间：25 分钟　烤制火候：上火 170℃，下火 200℃

原料

高筋面粉…250 克
酵母…4 克
黄油…35 克
水…90 毫升
细砂糖…50 克
鸡蛋…1 个
亚麻籽…适量

工具

刮板…1 个
烤箱…1 台
擀面杖…1 根
烤盘…1 个
方形模具…1 个

做法

1. 将高筋面粉、酵母倒在案台上，拌匀，刮板开窝。
2. 倒入鸡蛋、细砂糖、水，再拌匀，放入黄油，慢慢地和匀，至材料完全融合在一起揉成面团。
3. 加入适量亚麻籽，继续揉至面团表面光滑，将面团压扁，用擀面杖擀薄。
4. 将面团卷成橄榄形状，把口收紧，装入模具中发酵至两倍大。
5. 烤箱预热，放入模具。
6. 以上火 170℃、下火 200℃的温度烤约 25 分钟。

充满小确幸的甜点

炎炎夏日，酷暑吞噬着城市的每一个角落，人们走在街头通常想到的是找一家店，喝上一杯让身心舒畅的冰凉饮品或者来几块小点心平衡一下身体的热气，那该是多美妙的享受，而且吃一点甜品会使人产生小小的确定的幸福感。

寒冷冬季，来一碗热食滋补甜品、手工磨糊、牛奶炖品、精选奶制甜品等让喜欢甜食的人们在寒冷的冬天也能品尝到让人温暖的甜品。

POINT

煮焦糖的时候要不停地晃动锅，以免产生煳味。

焦糖布丁

难易度☆☆☆☆☆

时间：15 分钟　烤制火候：上火 175℃，下火 180℃

原料

蛋黄…2 个
鸡蛋…3 个
牛奶…250 毫升
香草粉…1 克
细砂糖…250 克
清水…适量

工具

量杯…1 个
手动打蛋器…1 个
筛网…1 个
牛奶杯…4 个
烤箱…1 台
奶锅…1 口
烤盘…1 个
玻璃碗…1 只

做法

1. 奶锅中倒入 200 克细砂糖，注水拌匀，煮约 3 分钟，至材料呈琥珀色，即成焦糖。
2. 关火，倒入牛奶杯，常温下冷却 10 分钟。
3. 玻璃碗碗中倒入鸡蛋、蛋黄，放入 50 克细砂糖，撒上香草粉拌匀。
4. 注入牛奶，快速搅拌成蛋液。
5. 蛋液过筛两遍，滤出杂质。
6. 取牛奶杯倒入蛋液至八分满。
7. 装有生坯的牛奶杯放入烤盘中，烤盘中倒入清水。
8. 烤箱预热，放入烤盘，关好箱门，以上火 175℃、下火 180℃的温度，烤约 15 分钟；取出烤盘，稍冷却即可。

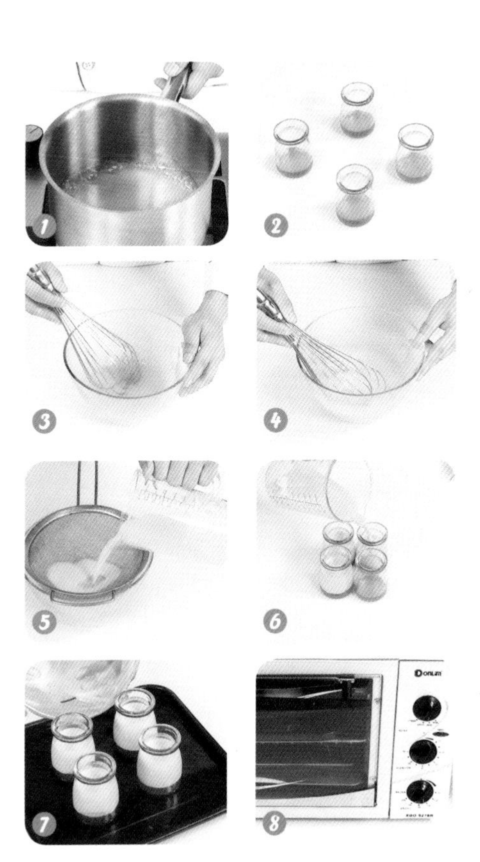

POINT

1. 牛奶一定要放凉后再倒入蛋液中，以免蛋液结块。
2. 加热奶浆时，要边搅拌边加热，以防粘锅。

草莓布丁

难易度 ☆☆☆☆☆

时间：15 分钟　烤制火候：上火 160℃，下火 160℃

原料

牛奶…500 毫升
鸡蛋…180 克
细砂糖…40 克
草莓粒…20 克
香草粉…10 克
清水…适量
蛋黄…60 克

工具

量杯…1 个
烤箱…1 台
手动打蛋器…1 个
奶锅…1 口
筛网…1 个
烤盘…1 个
牛奶杯 4 个
玻璃碗…1 只

做法

1. 将奶锅置于火上，倒入牛奶，用小火煮热，加入细砂糖、香草粉，改大火，搅拌匀，关火后放凉。
2. 将鸡蛋、蛋黄倒入玻璃碗中，用手动打蛋器拌匀。
3. 把放凉的牛奶慢慢地倒入蛋液中，边倒边搅拌。
4. 将拌好的材料用筛网过筛两次，先倒入量杯中，再倒入牛奶杯，至八分满。
5. 将牛奶杯放入烤盘中，烤盘中倒入清水。
6. 将烤盘放入烤箱中，温度调成上、下火各 160℃，烤 15 分钟至熟。
7. 取出烤好的牛奶布丁，放凉。
8. 放入草莓粒装饰即可。

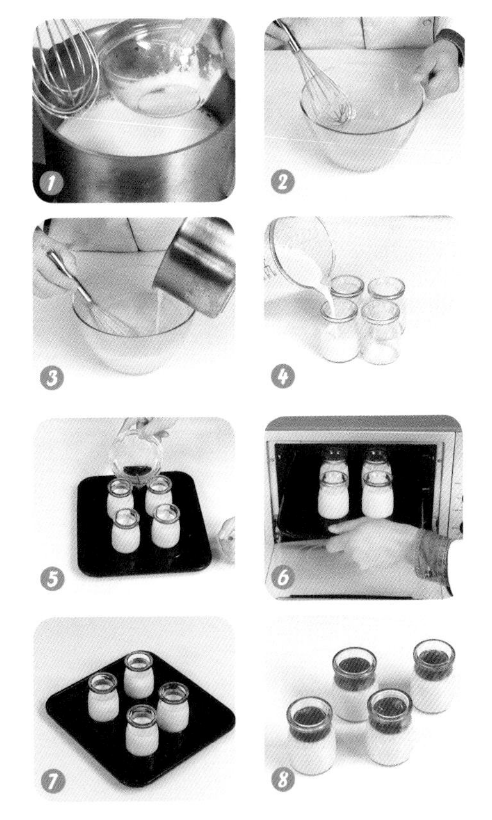

POINT

1. 布丁液倒入牛奶杯时不能太满，否则放不下黄桃粒。
2. 布丁液需掠去泡沫再放入烤箱，这样做出的布丁表面会更光滑好看。

黄桃牛奶布丁

难易度★★☆☆☆

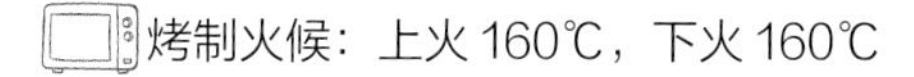

时间：15 分钟　烤制火候：上火 160℃，下火 160℃

原料

牛奶…500 毫升
鸡蛋…180 克
细砂糖…40 克
黄桃粒…20 克
香草粉…10 克
清水…适量
蛋黄…60 克

工具

量杯…1 个
烤箱…1 台
手动打蛋器…1 个
奶锅…1 口
筛网…1 个
烤盘…1 个
牛奶杯…4 个
玻璃碗…1 只

做法

1. 将奶锅置于火上，倒入牛奶，用小火煮热。
2. 加入细砂糖、香草粉，改大火，搅拌匀，关火后放凉。
3. 将鸡蛋、蛋黄倒入玻璃碗中，用手动打蛋器拌匀。
4. 把放凉的牛奶慢慢地倒入蛋液中，边倒边搅拌。
5. 将拌好的材料用筛网过筛两次。
6. 先倒入量杯中，再倒入牛奶杯，至八分满，将牛奶杯放入烤盘中，再往烤盘中倒入适量清水。
7. 将烤盘放入烤箱中，温度调成上、下火均为 160℃，烤 15 分钟至熟。
8. 取出烤好的牛奶布丁，放凉，放入黄桃粒装饰即可。

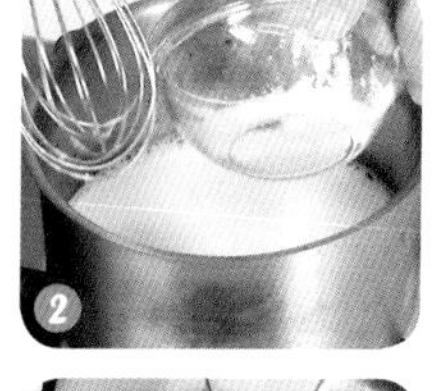

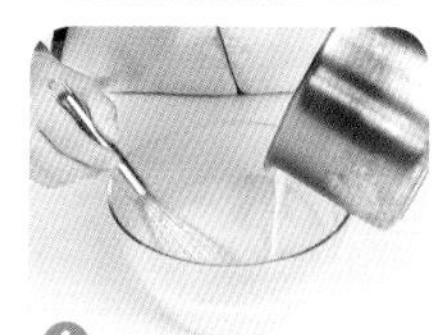

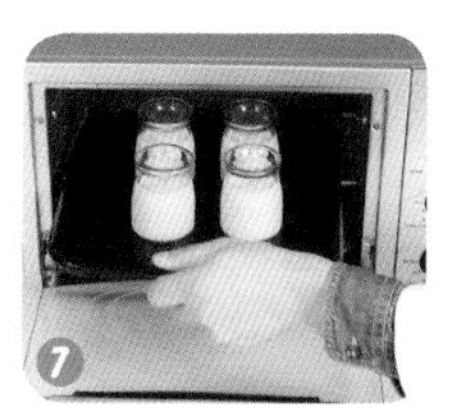

水晶玫瑰布丁

难易度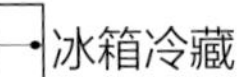

时间：120分钟　冰箱冷藏

原料

玫瑰花酱…20克　开水…200毫升
干玫瑰花…10克　凉水…适量
琼脂…4克

工具

杯子…数个　奶锅…1口

做法

1. 取一碗，注入适量凉水，放入琼脂，浸泡3分钟至软。
2. 取一杯子，注入适量热水，加入干玫瑰花，浸泡3分钟至有效成分析出。
3. 将泡好的玫瑰花茶过滤到碗中，待用。
4. 锅置于火上，倒入玫瑰花茶，放入泡好的琼脂。
5. 小火不停搅拌至琼脂溶化，关火后盛出煮好的布丁液，装入碗中放凉待用。
6. 待放凉后盖上保鲜膜，放入冰箱冷藏2个小时至凝固；取出冷藏好的布丁，撕掉保鲜膜即可。

抹茶焦糖双层布丁

难易度☆☆☆☆☆

时间：70 分钟　冰箱冷藏

原料

抹茶奶酪浆部分：纯牛奶 150 毫升，植物鲜奶油 25 克，抹茶粉 10 克，细砂糖 15 克，吉利丁片 2 片

焦糖浆部分：纯牛奶 150 毫升，植物鲜奶油 25 克，细砂糖 15 克，焦糖 20 毫升，吉利丁片 2 片

工具

玻璃杯…1 个
玻璃碗…2 个
搅拌器…1 个

做法

1. 将吉利丁片放入冷水中，浸泡 4 分钟至软化，锅中倒入纯牛奶、细砂糖，用小火加热，搅拌至细砂糖溶化。
2. 将 1 片泡软的吉利丁片捞出挤干水分，放入锅中，放入抹茶粉，加入植物鲜奶油，搅拌至溶化后关火，抹茶奶酪浆制成。
3. 取一玻璃杯，倒入抹茶奶酪浆至六分满，放入冰箱冷藏 30 分钟至凝固。
4. 将另一片吉利丁片放入冷水中，同步骤 1。
5. 倒入焦糖，拌匀，倒入植物鲜奶油，拌匀后关火，焦糖浆制成。
6. 取出抹茶奶酪浆，倒入焦糖浆至八分满，再次放入冰箱冷藏 30 分钟至成形。

1

2

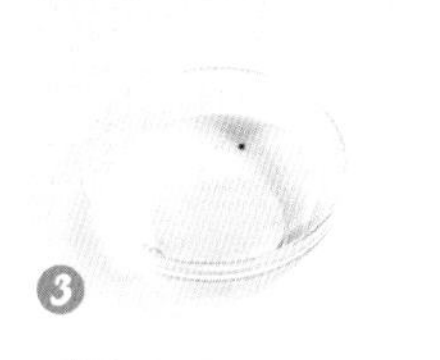
3

4

5

6

奶香蛋挞

难易度★★☆☆☆

时间：10 分钟　烤制火候：上火 150℃，下火 160℃

原料

鸡蛋…200 克　牛奶…250 毫升
细砂糖…100 克　清水…适量
蛋挞皮…适量

工具

蛋挞模…数个　烤箱…1 台
手动打蛋器…1 个　奶锅…1 口
量杯…1 个　烤盘…1 个
滤网…1 个

做法

1. 将细砂糖倒进玻璃碗中，加入 250 毫升清水，倒入蛋液，搅拌至起泡。
2. 过滤网将蛋液过滤一次，再倒入玻璃碗中。
3. 用过滤网将蛋液再倒入量杯中，过滤一次。
4. 取备好的蛋挞皮，放入烤盘中，把过滤好的蛋液倒入蛋挞皮内，约八分满即可。
5. 打开烤箱，将烤盘放入预热好的烤箱中。
6. 关上烤箱，以上火 150℃、下火 160℃烤约 10 分钟至熟；取出烤盘，把烤好的蛋挞装入盘中即可。

葡式蛋挞

难易度★★☆☆☆

时间：10 分钟　烤制火候：上火 150℃，下火 160℃

原料

牛奶…100 毫升
植物鲜奶油…100 克
蛋黄…30 克
细砂糖…5 克
炼奶…5 克
吉士粉…3 克
蛋挞皮…适量

工具

手动打蛋器…1 个
量杯…1 个
滤网…1 个
烤箱…1 台
奶锅…1 口
烤盘…1 个

做法

1. 奶锅置于火上，倒入牛奶，加入细砂糖，开小火，加热至细砂糖全部溶化，用手动打蛋器搅拌均匀。
2. 倒入植物鲜奶油，煮至融化，加入炼奶拌匀，倒入吉士粉拌匀，倒入蛋黄搅拌匀，关火待用。
3. 用滤网将蛋液过滤一次，再倒入量杯中，用滤网将蛋液再过滤一次。
4. 准备好蛋挞皮，把搅拌好的材料倒入蛋挞皮，约八分满即可。
5. 打开烤箱门，将烤盘放入烤箱中，关上烤箱门，以上火 150℃、下火 160℃的温度烤约 10 分钟至熟。
6. 取出烤好的葡式蛋挞，装入盘中即可。

POINT

若发现蛋液和黄油有些分离，
可以稍加过筛的低筋面粉混拌。

草莓塔

难易度 

时间 :20 分钟　烤制火候：上火 180℃，下火 180℃

原料

卡仕达酱：蛋黄 2 个，牛奶 170 毫升，细砂糖 50 克，低筋面粉 16 克

杏仁馅：奶油 75 克，糖粉 75 克，杏仁粉 75 克，鸡蛋 120 克

蛋挞皮：糖粉 75 克，低筋面粉 225 克，黄油 150 克，鸡蛋 60 克

装饰材料：草莓适量

工具

蛋挞模…4 个
手动打蛋器…1 个
裱花嘴…1 个
长柄刮板…1 个
烤箱…1 台
裱花袋…1 个
烤盘…1 个
玻璃碗…1 个
奶锅…1 口

做法

1. 将黄油装入玻璃碗中，再加入糖粉，快速搅拌均匀，至颜色变白，打入 60 克鸡蛋，搅拌均匀。
2. 加入 110 克低筋面粉，用手动打蛋器拌匀，再加入剩下的低筋面粉拌匀，并揉成面团。
3. 在案台面上撒少许低筋面粉，将面团搓成长条，分成两半，用长柄刮板切成 30 克一个的小剂子。
4. 将小剂子放在手上搓圆，粘上低筋面粉，再粘在蛋挞模上，沿着边沿按紧，制成蛋挞皮。
5. 将 120 克鸡蛋打入容器中，加入糖粉拌匀，放入奶油，用手动打蛋器搅拌匀，倒入杏仁粉，拌匀，至其成糊状即可，装入蛋挞模中，至八分满即可。
6. 把蛋挞模放入烤盘中，放入预热好的烤箱中，以上、下火均为 180℃的温度，烤 20 分钟至其熟透。
7. 将牛奶倒入奶锅中，用小火煮开，放入细砂糖拌匀，倒入蛋黄，快速搅拌均匀，放入低筋面粉拌匀，煮至成面糊状，即成卡仕达酱。
8. 从烤箱中取出烤盘，用刮板将卡仕达酱装入装好裱花嘴的裱花袋中，挤在蛋挞上，再装饰上切好的草莓即可。

椰挞

难易度☆☆☆☆☆

时间：20 分钟　烤制火候：上火 180℃，下火 200℃

原料

糖粉…175 克
低筋面粉…250 克
黄油…150 克
白砂糖…100 克
鸡蛋…2 个
椰丝…75 克
泡打粉…2 克
色拉油…75 毫升
清水…75 毫升
吉士粉…5 克
果酱…10 克
切好的樱桃…10 克

工具

蛋挞模…数个
烤箱…1 台
奶锅…1 口

做法

1. 将黄油、120 克糖粉、1 个鸡蛋、部分低筋面粉拌匀，揉成面团，取面团搓圆，粘在蛋挞模上。
2. 锅中放入水、55 克糖粉，搅匀，煮溶，关火后倒入色拉油拌匀。
3. 加椰丝、剩余低筋面粉搅拌。
4. 加入吉士粉、泡打粉拌匀，打入 1 个鸡蛋拌匀，即成椰挞液。
5. 将椰挞装入挞模至八分满，入烤盘。
6. 预热烤箱，以上火 180℃、下火 200℃，烤 17 分钟，将烤盘放入烤箱，开始烘烤；取出刷果酱，放樱桃即成。

黄桃派

难易度☆☆☆☆☆

时间：25 分钟　烤制火候：上火 180℃，下火 180℃

原料

派皮：细砂糖 5 克，低筋面粉 200 克，牛奶 60 毫升，黄油 100 克

杏仁奶油馅：黄油 50 克，细砂糖 50 克，杏仁粉 50 克，鸡蛋 60 克

装饰：黄桃片 60 克

工具

刮板…1 个　烤盘…1 个
手动打蛋器…1 个　玻璃碗…1 只
派模…1 个　盘子…1 个
烤箱…1 台　保鲜膜…适量

做法

1. 将低筋面粉倒在案台上，用刮板开窝，倒入 5 克细砂糖、牛奶、黄油，用手和成面团，用保鲜膜将面团包好，压平，放入冰箱冷藏 30 分钟。
2. 取出面团后按压一下，撕掉保鲜膜，压薄。
3. 取一个派模，盖上底盘，放上面皮，沿着模具边缘贴紧，切去多余的面皮，再次沿着模具边缘将面皮压紧。
4. 将 50 克细砂糖、鸡蛋倒入玻璃碗中，加入杏仁粉、黄油，用手动打蛋器搅拌至糊状，制成杏仁奶油馅。
5. 将杏仁奶油馅倒入派模内，至五分满，并抹匀，将派模放入烤盘，再放入烤箱中，把烤箱温度调成上、下火均为 180℃，烤约 25 分钟，至其熟透。
6. 取出烤盘，放置片刻至凉，去除派模，将烤好的派皮装入盘中，放上黄桃片即可。

苹果派

难易度☆☆☆☆☆

时间：90 分钟　烤制火候：上火 180℃，下火 180℃

原料

派皮：细砂糖 5 克，低筋面粉 200 克，牛奶 60 毫升，黄奶油 100 克

杏仁奶油馅：黄奶油 50 克，细砂糖 50 克，杏仁粉 50 克，鸡蛋 1 个，苹果 1 个，蜂蜜适量

工具

刮板…1 个
搅拌器…1 个
长柄刮板…1 个
玻璃碗…1 个
派皮模具…1 个
刷子…1 个
烤箱…1 个

POINT

切好的苹果放入淡盐水中浸泡，可以防止氧化变黑。

步骤

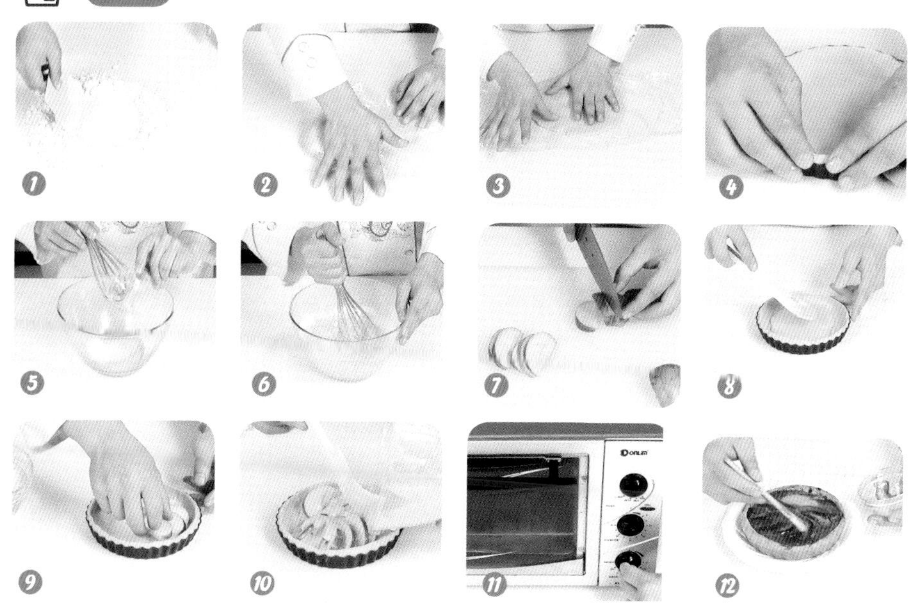

做法

1. 将低筋面粉倒在操作台上，用刮板开窝，倒入细砂糖、牛奶，用刮板搅拌匀。

2. 加入黄奶油，和成面团，用保鲜膜将面团包好，压平，放入冰箱冷藏 30 分钟。

3. 取出面团后轻轻地按压一下，撕掉保鲜膜，压薄。

4. 取一个派皮模具，盖上底盘，放上面皮，沿着模具边缘贴紧，切去多余的面皮。

5. 再次沿着模具边缘将面皮压紧，将细砂糖、鸡蛋倒入玻璃碗中，快速拌匀。

6. 加入杏仁粉，搅拌均匀，倒入黄奶油，搅拌至糊状，制成杏仁奶油馅。

7. 将洗净的苹果切块，去核，再切成薄片，把苹果片放入淡盐水中，浸泡 5 分钟。

8. 将杏仁奶油馅倒入模具内。

9. 将沥干水分的苹果片摆放在派皮上，至摆满为止。

10. 倒入适量杏仁奶油馅，然后将模具放入烤盘，再放进冰箱冷藏 20 分钟。

11. 取出烤盘后再放入烤箱，将烤箱温度调成上火 180℃、下火 180℃，烤 30 分钟，至其熟透。

12. 取出烤盘，拿出模具，将苹果派脱模后装入盘中，刷上适量蜂蜜即可。

草莓派

难易度★☆☆☆☆

时间：25 分钟　烤制火候：上火 180℃ ，下火 180℃

原料

派皮：细砂糖 5 克，低筋面粉 200 克，牛奶 60 毫升，黄油 100 克

杏仁奶油馅：黄油 50 克，细砂糖 50 克，杏仁粉 50 克，鸡蛋 1 个

装饰：草莓 100 克，蜂蜜适量

工具

派皮模具…1 个　勺子…1 个
刮板…1 个　刷子…1 把
搅拌器…1 个　保鲜膜…适量
玻璃碗…1 个　烤箱…1 台

做法

1. 低筋面粉开窝，倒入细砂糖、牛奶、黄油，和成面团，包上保鲜膜，冷藏 30 分钟。
2. 取出面团，撕掉保鲜膜，压薄，取派皮模具，放上面皮，切去多余的面皮，沿着模具边缘压紧面皮，即成派皮生坯。
3. 将细砂糖、鸡蛋倒入玻璃碗中，用搅拌器拌匀，加入杏仁粉，搅拌均匀，倒入黄油，搅至糊状，制成杏仁奶油馅。
4. 将杏仁奶油馅倒入模具内，至五分满。
5. 把烤箱温度调成上火 180℃ 、下火 180℃，放入烤盘，烤约 25 分钟，取出。
6. 沿着派皮的边缘摆上草莓，刷上蜂蜜。

扭酥

难易度★☆☆☆☆

时间：20 分钟　烤制火候：上火 200℃，下火 200℃

原料

筋面粉…220 克
高筋面粉…30 克
黄油…40 克
细砂糖…5 克
盐…1.5 克
清水…125 毫升
片状酥油…180 克
蛋黄液…适量

工具

擀面杖…1 根
刮刀…1 把
刀…1 把
烤盘……1 个
烤箱…1 台

做法

1. 低筋面粉、高筋面粉开窝，倒入细砂糖、盐、清水拌匀，加黄油揉匀，静置 10 分钟。
2. 片状酥油擀平，面团擀平后放酥油片。
3. 盖上面皮，擀薄，对折 4 次，放入冰箱，冷藏 10 分钟，重复上述操作 3 次。
4. 面皮擀薄，切出 4 小块面皮，长宽分别为 10 厘米、2.5 厘米。
5. 面皮刷上蛋黄液，扭转制成生坯，放入烤盘，再次刷上蛋黄液。
6. 入烤箱，把温度调成上下火均为 200℃，烤 20 分钟至熟；取出烤盘，将扭酥装入盘中即可。

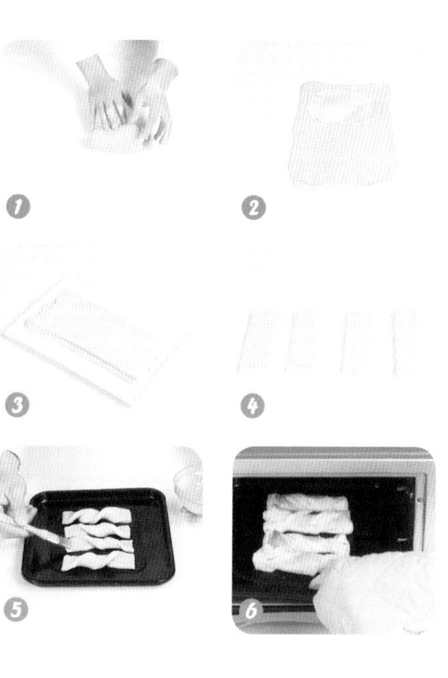

蓝莓酥

难易度☆☆☆☆☆

时间：75 分钟 烤制火候：下火 200℃，下火 200℃

原料

低筋面粉…220 克
高筋面粉…30 克
黄奶油…40 克
细砂糖…5 克
盐…1.5 克
清水…125 毫升
片状酥油…180 克
蛋黄液…适量
蓝莓酱…适量

工具

擀面杖…1 个
刮板…1 个
量尺…1 把
小刀…1 把
刷子…1 把
烤箱…1 台
烤盘…1 个

POINT

制作蓝莓酥生坯时，对角尽量不要捏紧，以免烘烤时膨胀不起来。

步骤

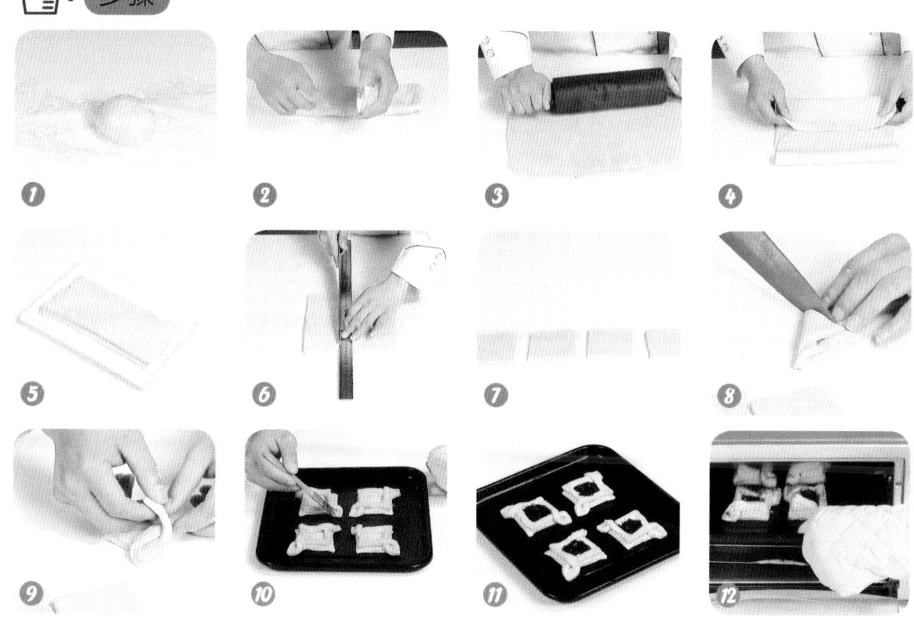

做法

1. 在操作台上倒入低筋面粉、高筋面粉，用刮板开窝，倒入细砂糖、盐、清水，用刮板拌匀，并用手揉搓成光滑的面团，在面团上放上黄奶油，揉搓成光滑的面团，静置10分钟。

2. 用擀面杖将片状酥油擀平，待用，把面团擀成片状酥油两倍大的面皮。

3. 将片状酥油放在面皮的一边，将另一边的面皮覆盖在片状酥油上，然后折叠成长方块。

4. 在操作台上撒少许低筋面粉，将包裹着片状酥油的面皮擀薄，对折四次。

5. 将折好的面皮放入铺有少许低筋面粉的盘中，放入冰箱，冷藏10分钟，将上述步骤重复操作三次。

6. 在操作台上撒少许低筋面粉，放上冷藏过的面皮，用擀面杖将面皮擀薄。

7. 将量尺放在面皮边缘，用刀将面皮边缘切平整，再切出4小块面皮，长宽分别为10厘米、2.5厘米。

8. 将面皮对角折起，呈三角形，在其中两个角内侧各划一刀。

9. 打开之后，再对角折起，呈菱形状，依此将其余三块面皮制作成菱形状。

10. 将面皮放入烤盘，刷上适量蛋黄液，在面皮中间倒入适量蓝莓酱。

11. 将烤盘放入烤箱中，把烤箱温度调成上下火200℃、下火200℃，烤15分钟至熟。

12. 取出烤盘，将烤好的蓝莓酥装入盘中。

拿破仑千层酥

难易度☆☆☆☆☆

时间：90分钟　烤制火候：上火200℃，下火2 00℃

原料

低筋面粉…220克
高筋面粉…30克
黄奶油…40克
细砂糖…5克
盐…1.5克
清水…125毫升
片状酥油…180克
蛋黄液…适量
提子…适量
草莓…适量
蓝莓…适量
打发的鲜奶油…适量
糖粉…适量
白芝麻…适量

工具

裱花袋…1个
花嘴…1个
擀面杖…1个
量尺…1把
小刀…1把
刷子…1把
烤箱…1台
烤盘…1个

POINT

可根据个人喜好将草莓和提子换成其他水果。

步骤

做法

1. 案台上倒入低筋面粉、高筋面粉，开窝，倒入细砂糖、盐、清水，用刮板拌匀，并用手揉搓成光滑的面团，放上黄奶油，揉搓成光滑的面团，静置 10 分钟。

2. 用擀面杖将片状酥油擀平，待用，把面团擀成片状酥油两倍大的面皮。

3. 将片状酥油放在面皮的一边，将另一边的面皮覆盖在片状酥油上，然后折叠成长方块。

4. 在操作台上撒少许低筋面粉，将包裹着片状酥油的面皮擀薄，对折四次。

5. 将折好的面皮放入铺有少许低筋面粉的盘中，放入冰箱，冷藏 10 分钟，将上述步骤重复操作三次。

6. 在案台上撒少许低筋面粉，放上面皮，用擀面杖擀薄，将量尺放在面皮边缘，用刀将面皮边缘切平整后对半切开。

7. 取其中一块，先将量尺放在面皮上，切出一小块，以切出的小块面皮为基准，再切出两块同样大小的面皮。

8. 将三块面皮放入烤盘，刷上适量蛋黄液，撒入适量白芝麻，将烤盘放入烤箱中，把烤箱温度调成上火 200℃、下火 200℃，烤 20 分钟至熟。

9. 将花嘴装入裱花袋中，把裱花袋尖端剪开，装入打发的鲜奶油。

10. 从烤箱中取出烤盘，将其中一块酥皮放入盘中，在酥皮四周挤上鲜奶油，在鲜奶油上放入对半切开的提子、草莓，在中间挤入适量鲜奶油，再放上一块酥皮，并在四周挤上鲜奶油。

11. 放入草莓、提子，在中间挤入鲜奶油。

12. 放上最后一块酥皮，挤入适量鲜奶油，放上草莓，将提子用小刀雕出形状，放在鲜奶油上，在提子和草莓边摆上蓝莓，将糖粉过筛至整个千层酥上即可。

POINT

用刀切四角的时候要掌握好力度，以免切断。

风车酥

难易度☆☆☆☆☆

时间：20 分钟　烤制火候：上火 200℃，下火 200℃

原料

低筋面粉…220 克
高筋面粉…30 克
黄油…40 克
细砂糖…5 克
盐…1.5 克
清水…125 毫升
片状酥油…180 克
蛋黄液…适量
草莓酱…适量

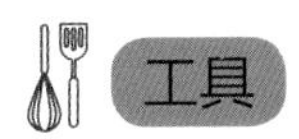

工具

擀面杖…1 个
刮板…1 个
量尺…1 把
刀…1 把
刷子…1 把
烘焙纸…1 张
烤箱…1 台

做法

1. 低筋面粉、高筋面粉开窝，倒入细砂糖、盐、清水拌匀。
2. 加黄油揉匀，静置 10 分钟。
3. 片状酥油擀平，面团擀平后放酥油片。
4. 盖上面皮，擀薄，对折 4 次，冷藏 10 分钟，重复上述操作三次。
5. 面皮擀薄切开，切成正方形。
6. 四角各划一刀，取其中一边呈顺时针方向，往中间按压，呈风车形状。
7. 再刷上蛋黄液，中间放草莓酱。
8. 将生坯放入烤箱，以上火 200℃、下火 200℃，烤 20 分钟，取出，装入盘中即可。

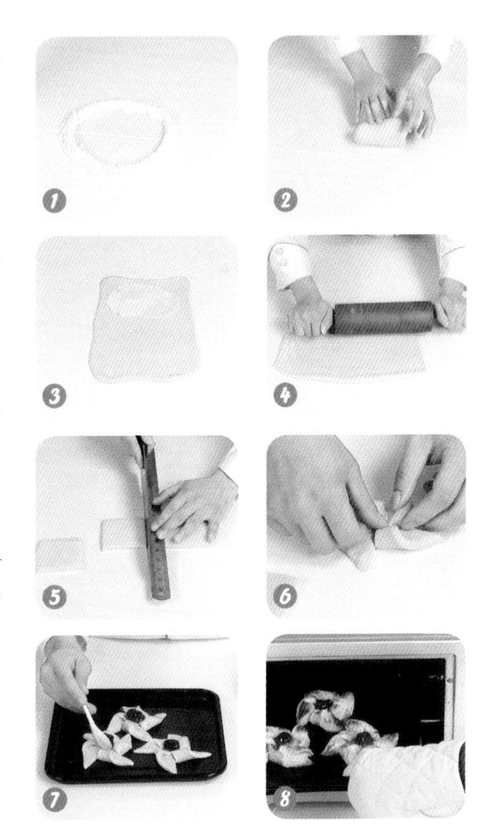

巧克力酥

难易度☆☆☆☆☆

时间：20 分钟　烤制火候：上火 170℃，下火 150℃

POINT

酥坯烤好后要马上从烤箱里取出，以免在烤箱里吸收水汽，影响口感。

原料

巧克力面团：黄奶油 50 克，低筋面粉 75 克，可可粉 17 克，糖粉 25 克

酥坯：黄奶油 150 克，糖粉 60 克，盐 1 克，蛋白 45 克，泡打粉 2 克，低筋面粉 225 克，黑巧克力液适量

工具

刮板…1 个
烤盘…1 个
烤箱…1 台
烘焙纸…2 张

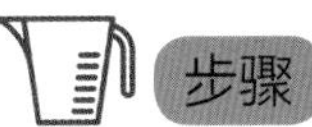

步骤

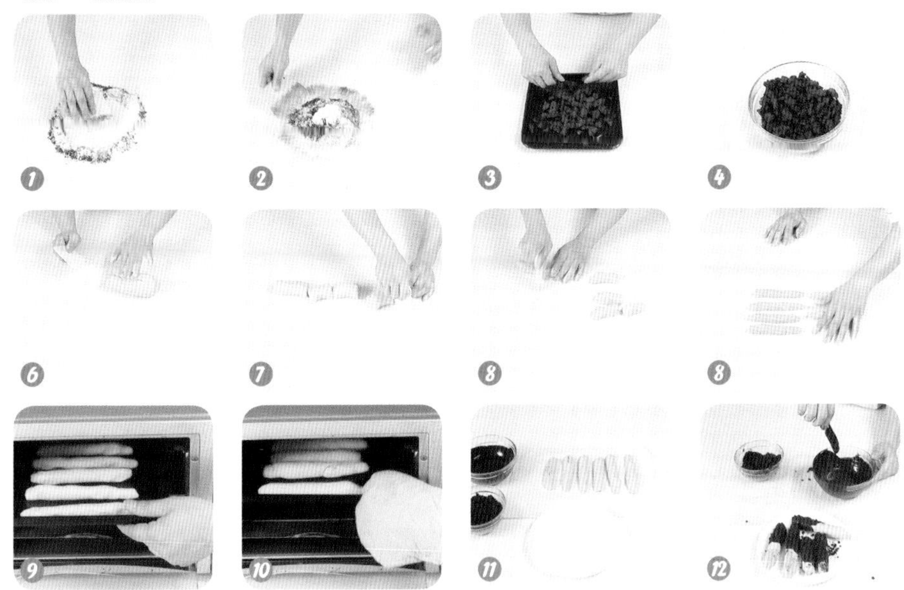

做法

1. 将低筋面粉倒在案台上，加入可可粉，用刮板开窝。
2. 倒入黄奶油、糖粉，刮入混合好的低筋面粉，揉搓，混合均匀，揉搓成纯滑的面团，把面团分成小块，放入烤盘里。
3. 将烤盘放入预热好的烤箱里，关上箱门，以上火 150℃、下火 150℃烤 5 分钟至熟。
4. 打开箱门，取出烤好的巧克力面团，装入碗中，待用。
5. 将低筋面粉倒在案台上，用刮板开窝，倒入糖粉、泡打粉、盐、蛋白，用刮板搅拌均匀。
6. 放入黄奶油，刮入低筋面粉，将材料混合均匀，揉搓成光滑的面团。
7. 把面团搓成长条形，用刮板把面条切成段。
8. 将切好的面条搓成细条，再切成段，再搓成细长条，制成生坯。
9. 把生坯放入烤盘里，摆放好，将生坯放入预热好的烤箱里。
10. 关上箱门，以上火 170℃、下火 150℃烤 15 分钟至熟，取出烤好的酥。
11. 将酥放在烘焙纸上，裹上备好的黑巧克力液。
12. 再裹上备好的巧克力面团，把巧克力酥装入盘中。

POINT

可以把饼坯切得薄一点，这样更易烤熟。

红茶小酥饼

难易度

时间：145 分钟 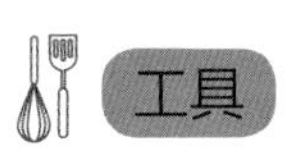烤制火候：上火 160℃，下火 160℃

原料

黄奶油…100 克
糖粉…30 克
蛋黄…11 克
低筋面粉…143 克
锡兰红茶…4.5 克

工具

刮板…1 个
烤箱…1 台
烤盘…1 个
高温布…1 块
保鲜膜…1 张

1. 把低筋面粉倒在案台上，用刮板开窝。
2. 倒入糖粉，加入蛋黄，用刮板拌匀。加入黄奶油、红茶，将材料混合均匀，搓成面团。
3. 将面团搓成长条状，用保鲜膜包裹好，再放入冰箱。
4. 将面团冷冻 2 小时至定型。
5. 取出冻好的材料，撕去保鲜膜，用刀切数个饼坯。
6. 把切好的饼坯放入铺有高温布的烤盘中。
7. 将烤盘放入烤箱，以上火 160℃、下火 160℃烤 18 分钟至熟。
8. 取出烤好的饼干，装入盘中即可。

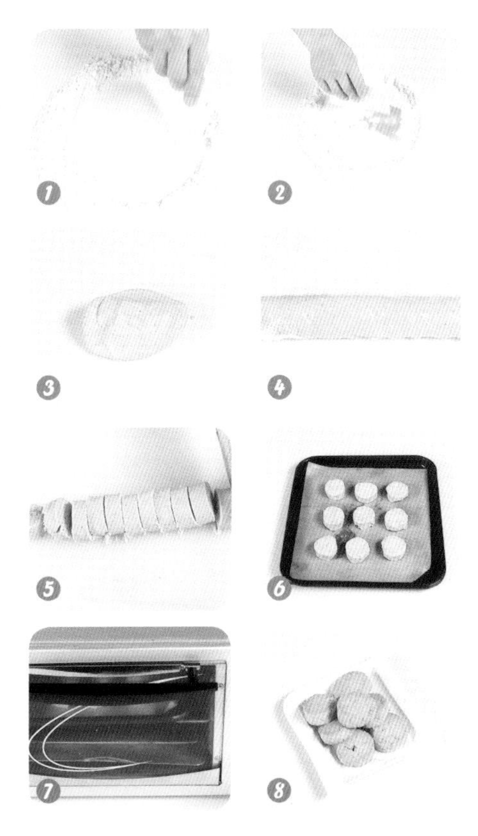

葡萄奶酥

难易度

时间：15 分钟　烤制火候：上火 160℃，下火 160℃

原料

低筋面粉…195 克
葡萄干…60 克
玉米淀粉…15 克
蛋黄…75 克
奶粉…12 克
黄油…80 克
细砂糖…50 克

工具

刮板…1 个
擀面杖…1 根
刀…1 把
刷子…1 把
烤箱…1 台
烤盘…1 个
玻璃碗…1 个

做法

1. 将低筋面粉铺在案台上，加入奶粉、玉米淀粉，搅拌匀；用刮板把拌好的材料开窝，倒入细砂糖、45 克蛋黄，搅拌匀。
2. 倒入黄油，搅拌匀，揉成面团，加入葡萄干，继续揉搓。
3. 用擀面杖将其擀成 0.5 厘米厚的面片。
4. 用刀把擀好的面片切去边缘，切成小方块，再摆入铺好烘焙油纸的烤盘中，用刷子刷上一层蛋黄。
5. 打开烤箱门，将烤盘放入烤箱中，关上烤箱门，以上、下火均为 160℃的温度烤约 15 分钟至熟。
6. 把烤好的饼干取出即可。

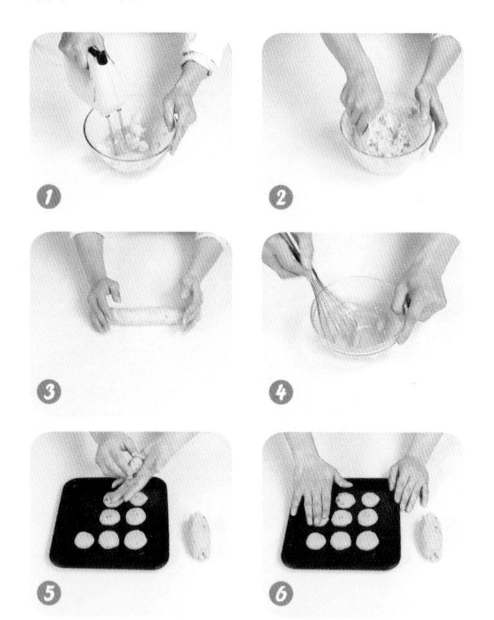

杏仁核桃酥

难易度 ★★☆☆☆

时间：8 分钟　烤制火候：上火 160℃，下火 160℃

原料

低筋面粉 500 克，细砂糖 250 克，蛋黄 30 克，食用油 50 毫升，食粉 3 克，臭粉 2 克，杏仁片 40 克，核桃仁 40 克，鸡蛋 60 克，清水少许

工具

刮板…1 个　烤箱…1 台
刷子…1 把　烤盘…1 个
蛋糕纸杯数个　隔热手套…1 只

做法

1. 把低筋面粉倒在案台上，加入细砂糖，混合均匀，用刮板开窝，倒入鸡蛋、食粉、臭粉搅匀，加入少许清水搅匀。
2. 倒入食用油搅匀，刮入面粉混合均匀，搅成糊状，揉搓成光滑的面团。
3. 面团压扁，放上核桃仁、杏仁片揉匀，搓成长条状，揪成 6 个大小均等的生坯。
4. 把生坯装入蛋糕纸杯中，再逐个放上少许杏仁片，将生坯装入烤盘里。
5. 把烤箱上、下火温度均调为 160℃，预热 5 分钟，把生坯放入预热好的烤箱中，烘烤 6 分钟，取出杏仁核桃酥。
6. 用刷子在杏仁核桃酥表面刷上一层蛋黄，再将杏仁核桃酥放入烤箱，烤 2 分钟。

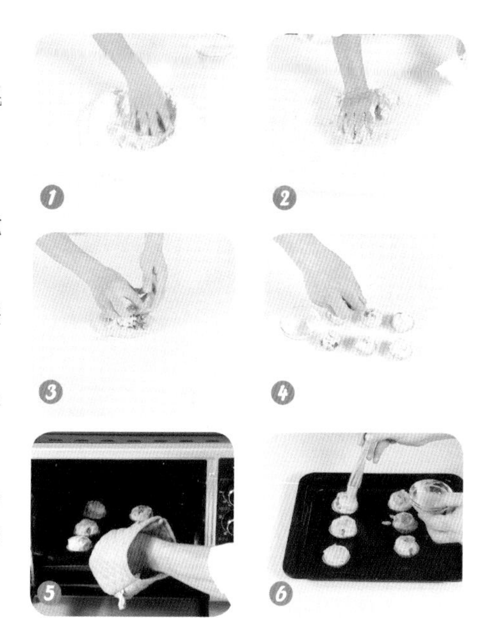

巧克力脆皮泡芙

难易度 ☆☆☆☆☆

时间：90 分钟 烤制火候：上火 180℃，下火 180℃

原料

泡芙皮：黄奶油 120 克，低筋面粉 135 克，糖粉 90 克，可可粉 15 克

粉浆：纯牛奶 110 毫升，水 35 毫升，黄奶油 55 克，低筋面粉 75 克，鸡蛋 2 个

工具

刮板…1 个
三角铁板…1 个
电动搅拌器…1 个
裱花袋…1 个
剪刀…1 把
烤箱…1 台
烤盘…1 个
小刀…1 把
高温布…1 张
保鲜膜…1 张

POINT

泡芙皮冷冻的时间不宜太短，否则不易成形。

步骤

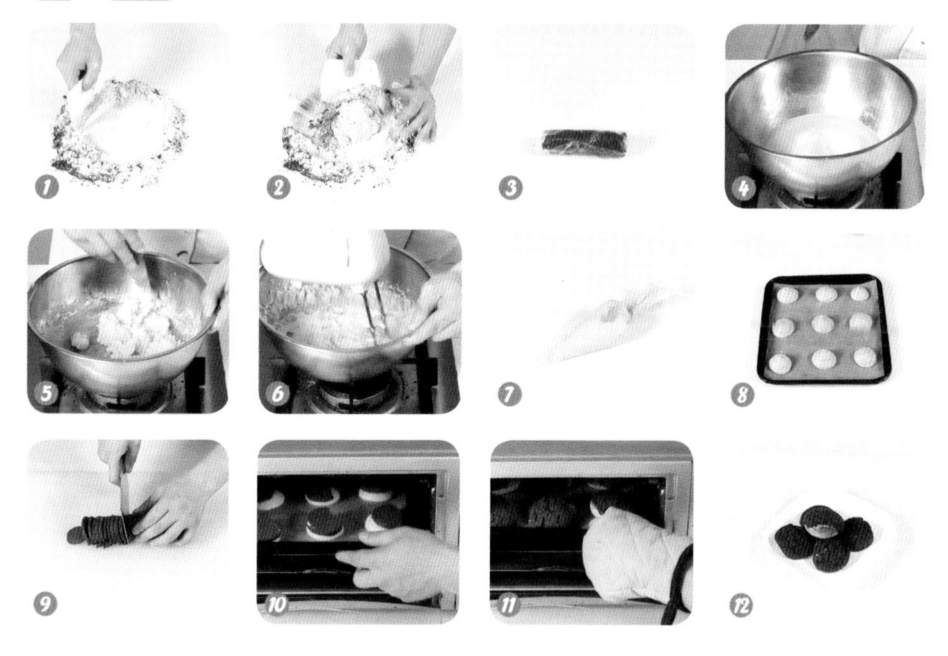

做法

1. 将低筋面粉倒在案台上，加入可可粉，用刮板开窝。

2. 倒入糖粉、黄奶油，刮入混合好的材料。将材料混合均匀，揉搓成光滑的面团。

3. 用保鲜膜包严实，放入冰箱冷冻60分钟至其变硬，备用。

4. 将清水倒入锅中，加入纯牛奶、黄奶油，搅拌匀，煮至黄奶油溶化。

5. 关火，倒入低筋面粉，用三角铁板快速搅拌，至其成糊状。

6. 鸡蛋分两次加入，用电动搅拌器快速搅匀。

7. 把拌好的面浆装入裱花袋里，将裱花袋剪开一个小口，把面浆挤在铺有高温布的烤盘里。

8. 把余下的面浆挤成大小均等的生坯。

9. 把冻好的泡芙皮取出，撕去保鲜膜，用刀切成薄饼。

10. 将切好的泡芙坯放在生坯上，把生坯放入预热好的烤箱里。

11. 关上箱门，以上火180℃、下火180℃烤20分钟至熟。

12. 取出烤好的泡芙，装入盘中即可。

闪电泡芙

难易度☆☆☆☆☆

时间：15 分钟　烤制火候：上火 200℃，下火 200℃

原料

牛奶…100 毫升
黄油…120 克
低筋面粉…50 克
高筋面粉…135 克
鸡蛋…220 克
巧克力豆…适量
巧克力液…适量
盐…3 克
细砂糖…10 克
清水…120 毫升

工具

剪刀…1 把
电动搅拌器…1 个
裱花嘴…1 个
裱花袋…2 个
烤箱…1 台
烘焙油纸…1 张
烤盘…1 个
玻璃碗…1 个
盆…1 个

做法

1. 把清水倒入盆中，倒入细砂糖、牛奶，加盐拌匀，加入黄油拌匀，煮至溶化，倒入高筋面粉拌匀，加入低筋面粉拌匀。
2. 把拌好的材料倒入玻璃碗中，用电动搅拌器搅拌匀，分次加入鸡蛋，并搅拌均匀。
3. 将裱花嘴装入裱花袋中，用剪刀再剪一个小口，把拌好的材料盛入裱花袋中。
4. 在烤盘上铺烘焙油纸，将面团挤入烤盘，挤成大小适中的条状。
5. 将烤盘放入烤箱，以上、下火均为 200℃的温度烤 15 分钟至熟，取出烤好的泡芙。
6. 将烘焙油纸铺在案台上，放上烤好的泡芙，倒入巧克力液，撒上巧克力豆即可。

忌廉泡芙

难易度 

时间：15 分钟　烤制火候：上火 200℃，下火 200℃

原料

牛奶…110 毫升
鸡蛋…120 克
黄油…35 克
忌廉馅料…100 克
低筋面粉…75 克
清水…35 毫升
盐…3 克

工具

剪刀…1 把
烤箱…1 台
蛋糕刀…1 把
烘焙油纸…1 张
电动搅拌器…1 个
烤盘…1 个
裱花嘴…1 个
玻璃碗…1 个
裱花袋…2 个
奶锅…1 口

做法

1. 将牛奶倒入奶锅中，加入清水、黄油、盐搅匀，煮至溶化，关火后加入低筋面粉，搅成糊状。
2. 把面糊倒入玻璃碗中，用电动搅拌器快速搅拌，鸡蛋分两次加入，打发成纯滑面浆。
3. 把面浆装入套有裱花嘴的裱花袋里，挤在垫有烘焙油纸的烤盘上，制成数个大小相同的泡芙生坯。
4. 将烤箱上、下火温度均调为 200℃，预热 5 分钟，放入生坯，烘烤 15 分钟，取出。
5. 将馅料装入裱花袋里，用剪刀剪一个小口。
6. 把泡芙体放在案台上，用蛋糕刀将泡芙体切开，逐个挤入忌廉馅料即可。

1

2

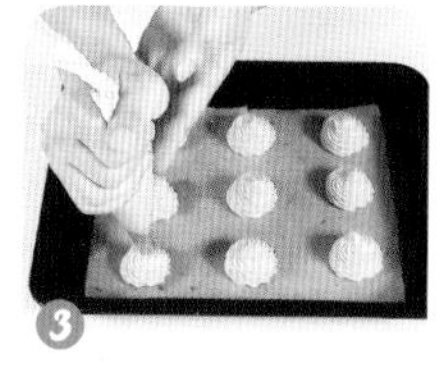
3

4

5

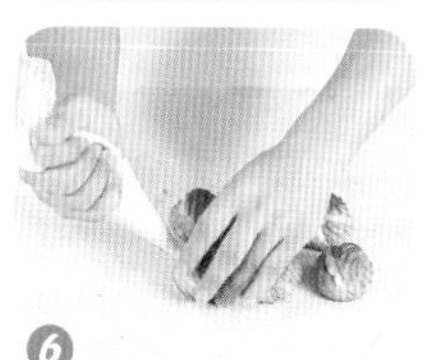
6

POINT

鸡蛋一定要分次加入面糊中，这样有利于掌握面糊的稀厚度。

日式泡芙

难易度☆☆☆☆☆

时间：20 分钟　烤制火候：上火 190℃，下火 200℃

 原料

奶油…60 克
高筋面粉…60 克
鸡蛋…2 个
牛奶…60 毫升
清水…60 毫升
植物鲜奶油…300 克
糖粉…适量

工具

剪刀…1 把
电动搅拌器…1 个
裱花袋…1 个
烤箱…1 台
锡纸…1 张
烤盘…1 个
奶锅…1 口
蛋糕刀…1 把

 做法

1. 奶锅上火，加水、牛奶、奶油。
2. 搅匀，关火，倒入高筋面粉拌成团。
3. 打入一个鸡蛋，用电动搅拌器拌匀，再加入另一个鸡蛋，继续拌匀至糊状，即成泡芙浆。
4. 泡芙浆装入裱花袋中，锡纸放烤盘上，将泡芙浆挤到锡纸上。
5. 将泡芙浆放入预热好的烤箱中，调至上火 190℃，下火 200℃，烤 20 分钟至呈金黄色，取出。
6. 植物鲜奶油用搅拌器慢速搅拌。
7. 将植物鲜奶油装入裱花袋中，用刀将泡芙横切一道口子。
8. 将植物鲜奶油挤到泡芙中，撒上糖粉即可。

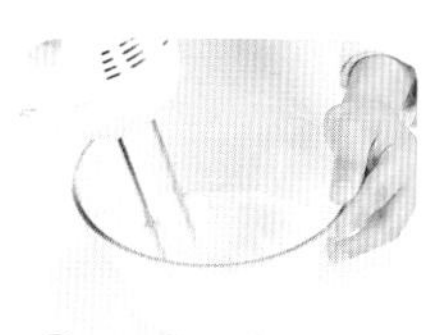

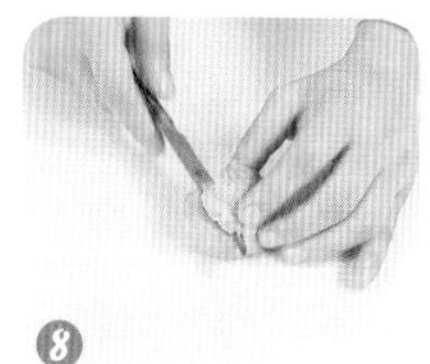

巧克力甜甜圈

难易度☆☆☆☆☆

时间：20 分钟　烤制火候：上火 180℃，下火 160℃

原料

黑巧克力液、白巧克力液…各适量
蛋白…80 克
塔塔粉…2 克
细砂糖…95 克
蛋黄…3 个
色拉油…30 毫升
泡打粉…2 克
细砂糖…30 克
低筋面粉…60 克
玉米淀粉…50 克
水…30 毫升

工具

电动搅拌器…1 个
搅拌器…1 个
长柄刮板…1 个
甜甜圈模具…2 个
烤箱…1 台
烤盘…1 个
玻璃碗…3 个
烘焙纸…1 张

POINT

将面糊装入模具后可轻轻抖动几下，消除模具里面的气泡，使蛋糕的成型更美观。

步骤

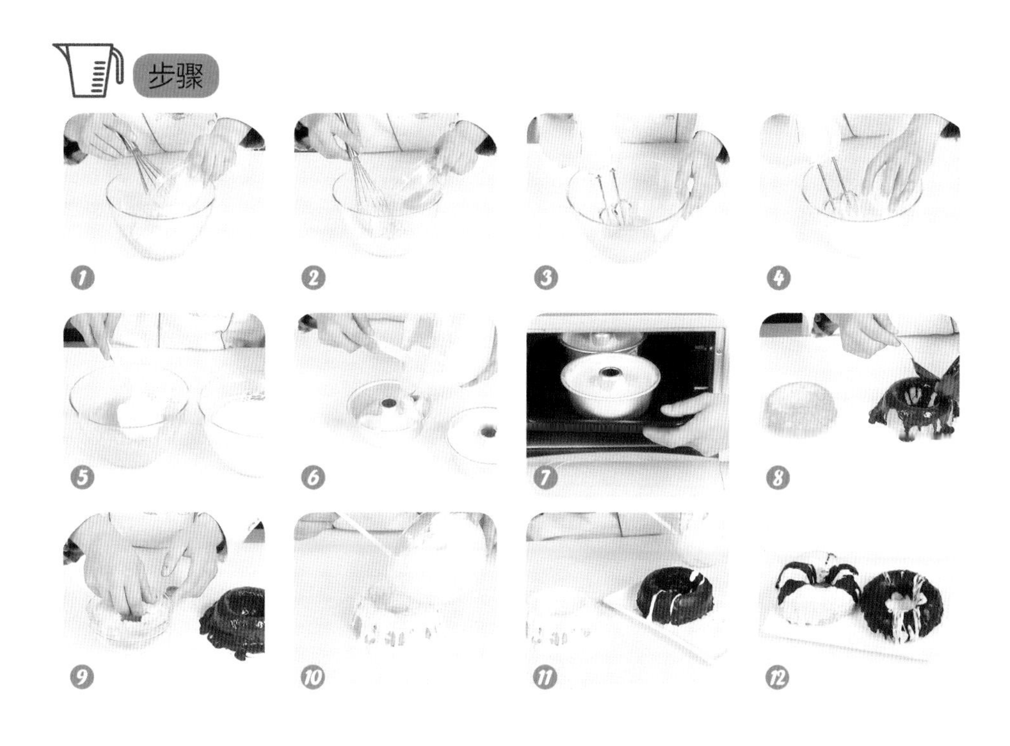

做法

1. 将色拉油、细砂糖、水倒入玻璃碗中，搅拌匀，加入玉米淀粉，搅拌均匀，倒入低筋面粉，搅拌至呈糊状。

2. 将蛋黄倒入玻璃碗中，快速搅拌均匀，再加入泡打粉，拌匀，备用。

3. 将蛋白倒入玻璃碗中，用电动打蛋器打，倒入细砂糖，快速搅打匀。

4. 加入塔塔粉，搅拌均匀，打发至呈鸡尾状。

5. 将一半打发好的蛋白加入搅拌好的蛋黄中，搅拌均匀，将拌匀的面糊倒入剩余的蛋白中，搅拌均匀。

6. 取模具，把拌好的面糊倒入模具中，放入烤盘。

7. 将烤盘放入烤箱中，以上火180℃、下火160℃，烤20分钟，至蛋糕呈金黄色；取出烤好的蛋糕，轻轻地按压蛋糕，使蛋糕脱模，将蛋糕底部切去。

8. 在其中一块蛋糕上，均匀地涂上黑巧克力液。

9. 将另外一块蛋糕放入装有白巧克力液的玻璃碗中。

10. 把玻璃碗翻转过来，倒在白纸上，取出玻璃碗，再均匀地涂上白巧克力液。

11. 将涂有黑巧克力液的蛋糕装入盘中，并淋入适量白巧克力液。

12. 在涂有白巧克力液的蛋糕上淋入适量黑巧克力液，装入盘中即可。

POINT

煎制可丽饼时，火候不要过大，以免成品颜色太深。

可丽饼

难易度☆☆☆☆☆

时间：40 分钟

原料

黄奶油…15 克
白砂糖…8 克
盐…1 克
低筋面粉…100 克
鲜奶…250 毫升
鸡蛋…3 个
鲜奶油…适量
草莓…适量
蓝莓…适量
黑巧克力液…适量

工具

搅拌器…1 个
裱花袋…2 个
煎锅…1 个
玻璃碗…1 个
盘子…1 个
裱花嘴…1 个

做法

1. 将鸡蛋、白砂糖倒入碗中，快速拌匀，放入鲜奶、盐、黄奶油，搅拌均匀。
2. 将低筋面粉过筛至碗中，搅拌匀，呈糊状，将拌好的面糊放入冰箱，冷藏 30 分钟。
3. 煎锅置于火炉上，倒入适量的面糊，煎约 30 秒至金黄色，呈饼状。
4. 将煎好的饼折两折，装入盘中，依次将剩余的面糊倒入煎锅中，煎成面饼，以层叠的方式装入盘中。
5. 将花嘴模具装入裱花袋中，把裱花袋尖端部位剪开，倒入打发鲜奶油，在每一层面饼上挤入鲜奶油。
6. 再往盘子两边挤上适量的鲜奶油，将草莓摆放在盘子两边的鲜奶油上。
7. 在面饼上撒入适量的蓝莓。
8. 将黑巧克力液倒入裱花袋中，并在尖端部位剪一个小口，最后，在面饼上快速来回划几下即可。

POINT

烤得颜色较深的地方味道会微苦，可将其去掉，以免破坏口感。

杏仁瓦片

难易度☆☆☆☆☆

时间：10 分钟　烤制火候：上火 170℃，下火 170℃

原料

黄油…40 克
鸡蛋…1 个
低筋面粉…50 克
杏仁片…180 克
细砂糖…110 克
蛋白…100 克

工具

电动搅拌器…1 个
锅…1 个
三角铁板…1 个
锡纸…1 张
烤箱…1 台
烤盘…1 个
玻璃碗…2 个

做法

1. 将黄油放入玻璃碗中，再放入锅中隔水加热至溶化，待用。
2. 依次将蛋白、鸡蛋、细砂糖倒入玻璃碗中，用电动搅拌器快速拌匀。
3. 加入溶化的黄油，拌匀。
4. 再倒入低筋面粉，快速搅拌均匀。
5. 倒入杏仁片，用三角铁板搅拌均匀，静置 30 分钟。
6. 取铺有锡纸的烤盘，分别倒入四份杏仁糊，压平。
7. 将烤箱温度调成上火 170 ℃、下火 170℃。
8. 放入烤盘，烤约 10 分钟；取出烤盘，放置片刻至凉，取出杏仁瓦片，修整齐，装入盘中。

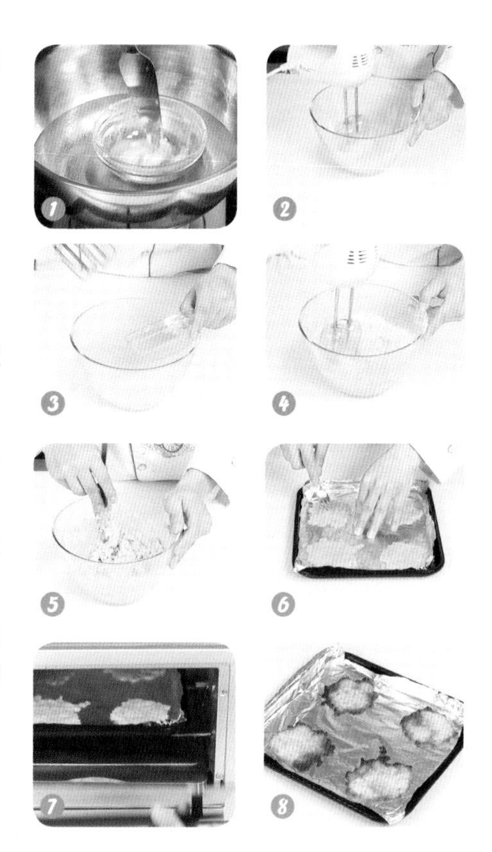

POINT

烤盘中不要加入太多的水，能覆盖住底面即可。

舒芙蕾

难易度☆☆☆☆☆

时间：30 分钟　烤制火候：上火 180℃，下火 180℃

原料

细砂糖…50 克
蛋黄…45 克
淡奶油…40 克
芝士…250 克
玉米淀粉…25 克
蛋白…110 克
塔塔粉…2 克
细砂糖…50 克
糖粉…适量

工具

搅拌器…1 个
电动搅拌器…1 个
勺子…1 个
滤网…1 个
模具…2 个
烤箱…1 台
烤盘…1 个

做法

1. 将细砂糖、淡奶油倒进奶锅中，开小火煮至融化，再加入芝士，搅拌至融化后关火待用。
2. 将蛋黄、玉米淀粉倒入玻璃碗中，搅拌均匀，倒入已经煮好的材料，充分搅拌，待用。
3. 另备一个玻璃碗，将蛋白、塔塔粉、细砂糖倒入容器中，拌匀打发至鸡尾状，待用。
4. 用刮板将食材刮入前面的玻璃碗中，搅匀。
5. 把拌好的食材倒入备好的模具杯中，约至八分满即可。
6. 将模具杯放入烤盘，在烤盘中加入清水。
7. 打开烤箱，将烤盘放入烤箱中，关上烤箱，以上、下火均为 180℃烤约 30 分钟至熟；取出烤盘，将烤好的食材放入盘中。
8. 准备过滤网，将糖粉过滤到舒芙蕾上，稍放凉后食用即可。

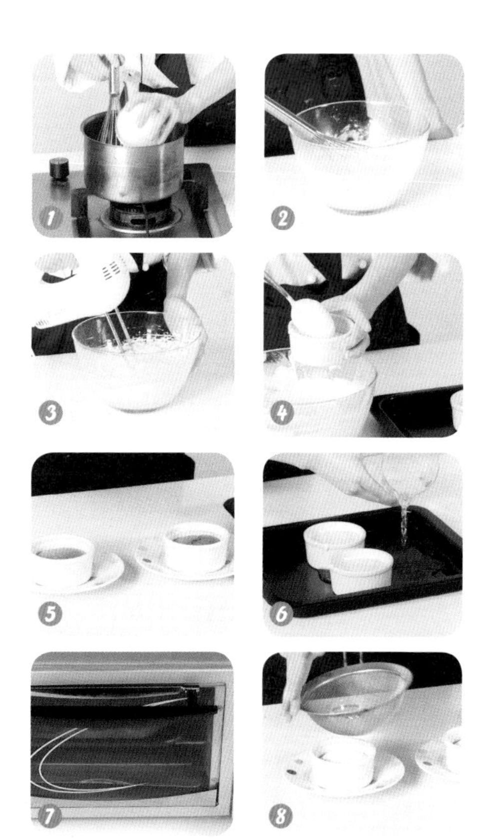

花生巧克力棒

难易度☆☆☆☆☆

时间：15 分钟　烤制火候：上火 170℃，下火 170℃

原料

黄油…45 克
糖粉…50 克
蛋黄…20 克
低筋面粉…100 克
花生碎…25 克
可可粉…12 克
小苏打…2 克

工具

刮刀…1 个
烤盘…1 个
烤箱…1 台
擀面杖…1 根

做法

1. 将低筋面粉倒在面板上，加入可可粉、小苏打搅拌匀，在中间掏一个窝，加入糖粉、蛋黄，倒入黄油，用四周的粉将中间覆盖。
2. 一边翻搅一边按压至呈表面平滑的面团。
3. 加入花生碎，揉捏均匀。
4. 用擀面杖将面团擀成面皮，修掉面皮四周不平整的地方。
5. 将面皮切成宽度一致的条形，将做好的饼坯放入烤盘，把烤盘放入预热好的烤箱内。
6. 关好烤箱门，上下火均调为 170℃，烘烤 15 分钟使其松脆；将烤盘取出，装盘即可。